92, avenue de France
75013 Paris - France
tanaeditions@gmail.com

Direction éditoriale : Olivia Recasens
Édition : Émeline Martin, assistée de Cléo Chevallier
Correction : Valérie Tougard (Agence littéraire Paludes)
Conception graphique et illustrations : Laura Acquaviva
Fabrication : Camille Friquet

Dépôt légal : septembre 2024
ISBN : 979-10-301-0567-4

Charlène **Descollonges**

AGIR POUR L'EAU

Tana
éditions

SOMMAIRE

PRÉFACE

Pour l'immense majorité d'entre nous, en France, l'eau reste encore très facilement accessible et peu coûteuse : pourquoi s'en préoccuper, puisqu'elle coule au robinet, sans interruption ?

Certes, inondations et sécheresses, avec leurs conséquences dramatiques, alimentent de plus en plus régulièrement nos canaux d'information ; elles marquent clairement l'impact du changement climatique sur la disponibilité de nos ressources en eau, et la nécessité de changer nos comportements et nos choix, mais notre prise de conscience collective, y compris d'ailleurs celle de la plupart de nos responsables politiques, reste fragile.

Il faut pourtant accélérer la prise en main de nos responsabilités individuelles et collectives. Comment ? Agir pour l'eau rappelle que l'eau est, bien entendu, au cœur des enjeux environnementaux globaux et locaux, à commencer par l'érosion de la biodiversité et le changement climatique, mais également qu'elle est impactée par toutes nos habitudes.

Agir. Agir à la source. Agir non seulement sur notre consommation d'eau au quotidien, mais également sur nos choix alimentaires et vestimentaires, sur nos modes de déplacement et de consommation.

Agir à travers davantage de connaissances partagées, entre professionnels de l'eau et non professionnels ! À travers globalement davantage de sobriété : non seulement au robinet, mais aussi dans l'assiette et dans tous nos achats ! À travers davantage de solidarité entre territoires et entre usagers de l'eau ! À travers davantage de cohérence à demander à nos instances publiques et à nos responsables politiques, locaux, nationaux ou européens : choix d'aménagement du territoire, d'ambition énergétique, de politique agricole, de développement économique !

Agir, individuellement et collectivement, à travers nos comportements et nos choix, comme autant de leviers d'action durable, de souveraineté et de sagesse.

Dr Éric Tardieu
Directeur général,
Office international de l'eau (OiEau)

INTRODUCTION

Changer

notre rapport à l'eau

Sur l'eau, on a tout faux !

Notre représentation du cycle de l'eau est fausse. Ce cycle de l'eau, celui que l'on a tous appris à l'école, est en réalité complètement influencé par les activités humaines.

C'est le résultat d'une analyse[1] internationale dans laquelle des scientifiques ont comparé plus de 80 études et 450 représentations du cycle de l'eau. Les chercheurs ont conclu que dans l'écrasante majorité des cas, nous faisons l'impasse sur l'impact des activités humaines et sur notre totale dépendance vis-à-vis de l'eau. Comment peut-on raisonnablement apporter des solutions adéquates à un problème qui est mal posé ?

Pour comprendre en quoi nous l'avons profondément modifié, pour se rendre compte de nos réels besoins en eau et de toutes les pressions que nous exerçons sur cette ressource, je vous renvoie à la lecture du livre *L'Eau*, coécrit avec Isabelle Brokman dans la collection « Fake or Not ?» des éditions Tana[2]. Vous retrouverez des bases de compréhension sur les enjeux de l'eau avec des faits, des chiffres et des perspectives à envisager pour éviter les crises de l'eau. Parmi ces solutions, nous prônons la sobriété, à condition que celle-ci soit globale et s'inscrive dans le cadre des limites planétaires qui définissent un espace de développement sûr pour l'humanité. En franchissant ces limites biophysiques, la stabilité de la planète n'est plus garantie.

Notre « empreinte eau »

Notre demande croissante en eau sert moins à satisfaire nos besoins fondamentaux d'êtres humains – boire, cuisiner, hygiène – qu'à alimenter notre système économique.

L'agriculture est de loin l'activité qui consomme le plus d'eau, tant en France que dans le monde. Notons que l'eau consommée correspond à un volume d'eau prélevé qui ne retourne pas directement dans son milieu aquatique d'origine. Il s'agit par exemple d'eau consommée par évaporation ou par les fuites.

En revanche, dans l'Hexagone, l'usage qui occasionne le prélèvement d'eau le plus important est celui du secteur énergétique, en particulier le refroidissement des centrales nucléaires. Précisons que l'eau prélevée est un volume d'eau qui est captée depuis les réserves naturelles d'eau douce (superficielles ou souterraines). Selon les types d'usage, une partie de l'eau prélevée est consommée et l'autre est restituée aux milieux aquatiques. Cependant, même dans ce dernier cas, les impacts peuvent être importants, à la fois sur la quantité d'eau mobilisée et sur la qualité de celle qui est rejetée.

Dans tous les cas, que l'énergie soit d'origine fossile, nucléaire ou renouvelable, on stocke et on utilise de grandes quantités d'eau pour la produire. Vu l'électrification croissante de nos modes de déplacement et la décarbonation de notre économie, nos besoins en eau ne cesseront d'augmenter si l'on poursuit une croissance économique infinie. Car on a besoin d'eau pour toutes les productions industrielles (chimiques, agroalimentaires, pharmaceutiques), pour générer de la chaleur, refroidir nos bâtiments et nos maisons, traiter les micropolluants présents dans l'eau, etc. L'omniprésence du numérique dans nos vies induit également une demande croissante en eau, dans le processus de fabrication des puces électroniques, des appareils connectés et en vue du refroidissement des *data centers*. Tous ces besoins viennent s'empiler aux précédents. Nous sommes finalement très loin des trajectoires de sobriété que nous devrions raisonnablement suivre. Pour explorer cette voie de façon claire et pragmatique, je vous invite à lire *Sobriété (la vraie), mode d'emploi* de Vincent Liegey et Isabelle Brokman[3].

Nos impacts sur l'eau sont tellement multiples et croissants que l'on parle désormais d'« empreinte eau », au même titre que d'empreinte carbone. C'est toute l'eau invisible, que l'on utilise sans le savoir, à travers nos modes de vie, les objets que l'on achète, l'alimentation que l'on choisit, l'énergie que l'on consomme. L'empreinte eau se définit aussi comme étant la somme de trois empreintes, chacune identifiée par une couleur : l'eau verte qui influence l'humidité des sols, l'eau bleue qui influe sur l'écoulement des eaux de surface, et l'eau grise, qui reflète les rejets polluants dans les rivières et les nappes phréatiques, rendant indisponibles ces ressources en l'absence de traitement. À travers ce prisme de l'empreinte eau, on se rend compte à quel point les impacts de nos activités sur le cycle de l'eau sont systémiques et complexes. Cumulés, ils sont à l'origine des crises de l'eau qui se multiplient et se manifestent désormais partout, chaque année, même en France.

Les crises de l'eau

Sécheresses et inondations sont les deux faces d'une même pièce : celle d'un cycle de l'eau dégradé. Toutes les activités humaines ont globalement contribué à l'accélérer en surface.

À cause de l'artificialisation des terres, l'urbanisation galopante, la déforestation, la sylviculture et l'agriculture intensives, et avec l'intensité plus forte des précipitations, l'eau ne s'infiltre plus. Elle ruisselle et dévale plus rapidement les pentes, emportant avec elle des terres arables et de nombreux polluants, qui s'accumulent dans les rivières. Rivières qui débordent plus facilement. Le minage des eaux souterraines, qui résulte d'un pompage des nappes excessif par rapport à leur capacité de renouvellement naturel, met en surface de grande quantité d'eau profonde et contribue également à l'accélération des flux. L'eau douce passe alors d'un cycle très long (de l'ordre de centaines, voire de milliers d'années) à un cycle très court (de l'ordre de quelques jours) en s'évaporant dans l'atmosphère et en ruisselant dans les rivières. Nous avons tellement perturbé ce grand cycle de l'eau, à l'échelle mondiale, que les scientifiques[4] ont confirmé le franchissement des limites planétaires de l'eau verte, ainsi que de l'eau bleue. Cela signifie que nous sommes passés dans une zone d'instabilité très forte, où les événements hydrologiques tels que sécheresses et crues extrêmes gagnent en intensité. Les réservoirs artificiels et les lacs naturels se vident[5]. Plus de la moitié de ces réserves perdent de l'eau à cause d'une surévaporation liée à l'augmentation des températures induites par le changement climatique.

Ce dernier va venir exacerber tous les effets d'un cycle de l'eau dégradé[6]. À l'intérieur des continents, la diminution des surfaces enneigées, la fonte accélérée des glaciers, le changement des régimes des précipitations vont perturber l'humidité des sols, provoquant des sécheresses et des crues plus intenses et plus fréquentes, ainsi qu'une baisse de la recharge des nappes. Sur les côtes, l'élévation du niveau marin va entraîner l'érosion du littoral et la salinisation des terres, favorisant la remontée du biseau salé, un phénomène qui contamine les eaux douces souterraines par de l'eau salée de manière irréversible.

Nous allons devoir nous préparer à affronter des situations complexes passant d'un extrême hydrologique à l'autre, d'un manque d'eau crucial à des inondations ingérables, sur une même région et parfois à quelques mois d'intervalle. En France, ces phénomènes hydrologiques extrêmes se manifestent déjà par des sécheresses plus récurrentes et plus intenses. Pendant la sécheresse de 2022, près de 1 400 cours d'eau ont subi des ruptures d'écoulement ou étaient à sec à la fin du mois d'août, soit trois fois plus qu'en 2021, 2 000 communes ont connu des difficultés, voire des ruptures d'approvisionnement en eau potable, et 62 000 hectares de forêts sont partis en fumée dans des incendies, soit six fois plus que la moyenne, établie à 10 000 hectares par an[7].

Ces aléas auront de lourdes conséquences sur nos vies. Ils pourraient, à terme, provoquer des phénomènes migratoires importants. Sans interroger notre modèle de croissance économique, sans changer notre manière d'habiter la Terre, nous continuerons à subir ces crises de l'eau et à accélérer l'effondrement de la biodiversité. Non seulement nous avons vainement tenté de minimiser la situation et de nous adapter aux effets du changement climatique, mais nous sommes également passés à côté d'une logique de régénération qui vise la résilience des écosystèmes et des territoires pour renforcer leur capacité à encaisser les chocs hydrologiques. Finalement, nous ne pourrons y parvenir sans profondément changer notre rapport à l'eau.

Changeons notre rapport à l'eau

Notre rapport de prédation à l'eau prend racine dans deux peurs viscérales et opposées, celle de manquer d'eau et celle d'être submergé. Face à cette double peur, l'homme n'a eu de cesse de vouloir contrôler ses flux.

Pour pallier le manque d'eau, l'homme a construit des barrages et d'immenses réservoirs alimentés par un dense réseau de canaux hydrauliques qui n'ont – pour la plupart – pas été dimensionnés en prenant en compte les effets du changement climatique.

Pour contrôler les crues, pour cultiver, pour naviguer et étendre ses activités tout en se sentant protégé des inondations, l'homme a drainé et détruit d'innombrables zones humides, remembré le paysage agricole, endigué, segmenté et canalisé les rivières.

La main de l'homme rassure et donne le sentiment d'être à l'abri. Mais en réalité, elle fige nos actions dans un interventionnisme cloisonné faisant totalement abstraction des liens étroits entre le cycle de l'eau, les éléments biogéochimiques (carbone, azote, phosphore), le climat et la biodiversité. Pour changer notre rapport à l'eau, il nous faut déjà admettre la complexité du sujet.

Nous devons décloisonner et connecter l'ensemble des disciplines scientifiques entre elles (sciences de l'eau, des sols, du végétal, des champignons...) afin d'élargir notre vision et changer notre perception du grand cycle de l'eau.

Un des changements majeurs consisterait à intégrer le pouvoir rétroactif du vivant, tant sur le cycle de l'eau que sur le climat. Il s'agit notamment de reconnaître la théorie de la pompe biotique qui explique le rôle indispensable des forêts et des champignons dans la genèse des pluies sur les continents. Cette théorie permet d'éclairer de nouveaux concepts, comme les bassins atmosphériques qui délimitent les zones où se forme la pluie et là où elle tombe. Ce nouveau paradigme de l'eau[8], à la base de la notion d'hydrologie régénérative décrit dans cet ouvrage, permet de répondre aux enjeux liés à l'eau, au climat et à la biodiversité.

De même, il est temps d'adopter une vision systémique, en intégrant les sciences humaines, cognitives et comportementales pour opérer ces changements dans nos modes de vie et dans nos organisations. Changer notre rapport à l'eau revient à étudier nos peurs viscérales, à comprendre les mécanismes psychiques qui s'opèrent en nous pour les transmuter et les dépasser. Nous pourrions ainsi basculer d'un mode compétitif de privatisation de l'eau à un mode symbiotique qui apprend à partager l'eau et à coopérer avec l'ensemble du vivant. Il n'existe pas de solution technologique qui viendra miraculeusement résoudre les crises de l'eau. Pourtant, on entend encore parler des pièges de la « maladaptation », comme l'ensemencement artificiel des nuages pour provoquer la pluie, le dessalement de l'eau de mer pour rendre l'eau potable ou encore les barrages et les immenses stockages artificiels pour irriguer des monocultures.

Ces solutions perpétuent un schéma de prédation et d'hypercontrôle, faisant fi du cycle naturel de l'eau et de son statut de commun. De plus, ces solutions comportent de multiples externalités négatives (destruction d'habitats et/ou d'espèces vivantes, surconsommation énergétique, extraction d'autres ressources minérales…). Elles donnent l'illusion de ressources toujours abondantes et induisent des risques d'effets rebond qui retardent une nécessaire sobriété globale.

Il n'existe pas non plus de formules applicables de façon homogène à toute la France. Chaque bassin versant, chaque territoire connaît ses spécificités hydroclimatiques, avec ses propres écosystèmes, avec un contexte socio-économique particulier et donc une répartition spécifique des usages de l'eau. Il en découle ainsi une histoire hydraulique unique, qui revêt souvent une dimension sensible.

C'est bien ce lien d'attachement que nous devons tenter de réhabiliter. Nous pourrons ainsi renouer une relation sacrée à l'eau et aux hydrosystèmes, dont nos vies dépendent.

Ralentir, régénérer, faire alliance

Les changements à opérer demandent un effort collectif considérable. Mais nous pouvons déjà toutes et tous agir à notre niveau, influencer notre entourage et entraîner ainsi des changements collectifs. Les mesures décrites dans ce livre se concentrent sur l'échelle individuelle mais elles peuvent véritablement influencer d'autres cercles et générer de cette façon, un élan collectif qui conduit à une bascule sociétale. Ces mesures visent trois grands objectifs : ralentir, régénérer et faire alliance.

Ralentir le cycle de l'eau en décélérant nos modes de vie et de consommation.

Régénérer massivement le cycle de l'eau par l'aménagement des territoires, en changeant de modèle agricole, en développant des massifs forestiers, en végétalisant les villes, en renaturant les cours d'eau, en restaurant les zones humides.

Faire alliance entre les hommes par des mécanismes de solidarité à l'échelle des bassins versants, en instaurant une véritable culture démocratique de l'eau. Faire alliance avec les hydrosystèmes en leur redonnant des espaces de liberté, où la présence humaine laisse place au réensauvagement.

MODE D'EMPLOI

Ce livre est un référentiel de mesures concrètes que l'on peut appliquer chez soi, dans son quotidien et dans sa vie au sens large.

Elles se distinguent en trois niveaux.

1.

Le premier se situe dans la sphère de l'habitat.
Il s'intéresse aux usages domestiques de l'eau et permet de répondre à des questions très pragmatiques que l'on peut se poser chez soi. Au-delà des écogestes, ces mesures permettent de prendre soin de l'eau dont nous dépendons au quotidien.

2.

Le second se situe au niveau du mode de vie.
Il s'intéresse à l'empreinte eau des biens, de l'énergie et des services que nous utilisons chaque jour et de l'eau qui se cache derrière. Cet ensemble de mesures permet de considérer le fait que nous dépendons des ressources en eau d'autres régions et d'autres pays.

3.

Le dernier niveau touche à la question de l'engagement citoyen.
Ces actions s'intéressent à une échelle bien plus large qui vise à stimuler son pouvoir d'agir au sein des entreprises, des organisations associatives et politiques.

NIVEAU 1

Chez moi,

j'ai les bons réflexes !

Le petit cycle au cœur de nos vies

Le parcours de l'eau potable

Le petit cycle de l'eau désigne le circuit de l'eau potable et de l'assainissement. L'eau potable que vous utilisez peut provenir d'une masse d'eau superficielle (rivière, fleuve ou lac) ou bien d'une masse d'eau souterraine (source ou nappe). En milieu urbain, il s'agit souvent d'un mélange des deux, pour diluer certains polluants et respecter ainsi les normes de potabilité.

L'eau prélevée est acheminée vers une station de potabilisation. Là, elle subit des traitements plus ou moins poussés selon son origine : les eaux superficielles étant généralement plus exposées aux pollutions en surface, elles sont davantage traitées (traitements chimiques – ozonation, chloration – et physiques – ultrafiltration, membranaire, charbon actif) que les eaux souterraines confinées. On préfère donc généralement prélever dans les nappes. **En France, les deux tiers des volumes d'eau prélevés pour l'eau potable proviennent des eaux souterraines.** Une fois traitée, l'eau potable est acheminée vers un réservoir de stockage confiné avant d'être envoyée vers le réseau de distribution public qui dessert les lieux de consommation.

Ainsi le réseau d'eau potable alimente les foyers domestiques raccordés, mais aussi les bureaux, restaurants, hôtels, et bâtiments publics (culturels, sportifs, administratifs, hôpitaux, enseignement…). Parfois, certaines exploitations agricoles et certains industriels sont raccordés au réseau public, les autres disposent de leurs propres dispositifs de traitement.

MON ACTION

D'où vient mon eau potable ?

Rechercher l'origine de son eau potable ressemble parfois à une véritable enquête, tant les informations sont généralement peu accessibles. Il est souvent difficile de trouver ces informations dans les petites communes qui disposent de moyens humains et financiers limités pour communiquer ces données. Pour savoir d'où vient l'eau de mon robinet, je peux me renseigner sur le site Internet du gestionnaire de l'eau potable, le magazine de la collectivité ou bien en contactant la mairie.

→ sur mon territoire, mon eau potable provient de

....

L'assainissement des eaux usées et les eaux pluviales

Les eaux usées sont un mélange d'eau et de matières solides contenant des microbes (virus et bactéries pathogènes), des polluants organiques (carbone, azote, phosphore...) et inorganiques (micropolluants, solvants, plastiques...).

Une fois utilisée, l'eau rejoint le réseau d'assainissement avant d'être traitée par une station d'épuration, où elle suit une succession de filtres et de traitements biologiques qui éliminent progressivement ces polluants, parvenant ainsi à séparer l'eau des matières solides que sont les boues.

À l'intérieur des terres, les eaux traitées retournent à la rivière, tandis que sur le littoral, elles sont rejetées au large des côtes.

Les normes de rejet des eaux traitées visent à garantir un niveau de pollution acceptable pour le milieu aquatique. Mais il faut savoir que **les stations d'épuration n'atteignent jamais 100 % de performance.** On compte sur **les pouvoirs de dilution et d'autoépuration des rivières** qui terminent le travail de la station.

Il faut également comprendre que **les stations d'épuration n'ont pas été conçues pour traiter les substances chimiques ni les micropolluants** contenus dans les eaux usées domestiques – résidus de médicaments, solvants, cosmétiques... Ces polluants sont donc rejetés dans les rivières, qui ne parviennent pas à dégrader ces molécules complexes.

Ces substances peuvent aussi être émises de manière plus diffuse *via* l'épandage agricole (pesticides et engrais de synthèse), *via* la pollution atmosphérique (hydrocarbures, microplastiques...), *via* le lessivage des routes (pneus, hydrocarbures), ou encore de sols historiquement pollués par les décharges ou d'anciens sites industriels. *Via* l'eau de pluie qui s'infiltre ou ruisselle, l'eau va lessiver les sols en se chargeant en polluants, puis contaminer et s'accumuler dans une rivière ou une nappe.

Bien que nécessaire, l'amélioration des performances de traitement de nos stations d'épuration ne résoudrait donc qu'une partie du problème, puisqu'il reste toutes les pollutions diffuses émises par nos modes de vie actuels et hérités d'un passé industriel.

FOCUS

La seconde vie des boues

Les boues issues des stations d'épuration sont un mélange de matières solides et liquides contenant des éléments organiques, des nutriments mais aussi des microbes pathogènes et des micropolluants – résidus de médicaments, métaux lourds... Il existe des normes de qualité spécifiques à chaque filière de valorisation des boues.
En France, les boues des petites et moyennes stations sont généralement valorisées par l'épandage agricole ou bien par compostage.
Certaines trouvent une valorisation énergétique intéressante avec la production de biogaz, du biométhane, et parfois d'électricité.
Les boues sont des sous-produits de l'épuration des eaux usées, longtemps considérés comme des déchets ultimes. Mais dans une perspective d'économie circulaire, nous devons changer de regard sur elles : elles sont de précieuses ressources pour la souveraineté alimentaire et énergétique des territoires.

Mon eau potable

Vais-je manquer d'eau potable ?

Les ruptures d'alimentation en eau potable surviennent dans un contexte de sécheresse causée par un facteur climatique : un manque de pluie. Mais dans un pays développé comme la France, elles sont en réalité souvent associées au facteur humain, à savoir des besoins en eau excessifs et/ou une mauvaise gestion de l'eau, qu'elle soit actuelle ou héritée du passé.

D'une manière générale, il est difficile de prédire si un territoire va manquer d'eau potable. En revanche, **certaines régions sont plus vulnérables que d'autres.** Globalement, tous les pays du pourtour méditerranéen, des Pyrénées aux Alpes maritimes, seront de plus en plus arides avec le changement climatique. Les territoires isolés en montagne dépendant de petites sources seront également très vulnérables.

Dans tous les cas, le facteur humain est déterminant. Il s'agit d'assurer une gestion à long terme du petit cycle de l'eau, de son captage à son traitement par la station d'épuration, en anticipant les évolutions climatiques et d'éviter/limiter les risques de rupture d'alimentation en eau potable.

« La France perd environ un milliard de mètres cubes d'eau potable chaque année via les fuites. »

Un des principaux leviers pour économiser de l'eau à grande échelle est de réduire les fuites dans les réseaux d'eau potable car, en prélevant moins d'eau, le stock d'eau naturel peut se reconstituer plus facilement d'amont en aval. Or, avec un réseau vieillissant, **la France perd environ un milliard de mètres cubes d'eau potable chaque année à cause des fuites[9]! Le renouvellement des réseaux nécessite la réalisation de travaux très coûteux pour la collectivité.**

MODE D'EMPLOI

J'évalue le petit cycle de l'eau près de chez moi

1. **Je me rends sur le site EauFrance et l'onglet « Portrait de mon territoire[10] ».**

2. **Je renseigne le nom de ma commune dans la barre de recherche.**

3. **Je sélectionne le nom de la collectivité gestionnaire proposé.**

4. **Je regarde les indicateurs pour évaluer la bonne gestion de l'eau sur mon territoire :**

    - **les rendements de réseau d'eau potable :** on considère qu'ils sont bons à partir de 80 % et qu'il est très difficile d'aller au-delà de 90 %.

    → *sur mon territoire, le rendement du réseau d'eau potable est de ...... %*

    - **l'indice de connaissance du patrimoine des réseaux d'eau et d'assainissement : on estime avoir une bonne connaissance des réseaux à partir de 85 points.**

    → *sur mon territoire, l'indice du réseau d'eau potable est de ...... /120*

→ *sur mon territoire, l'indice du réseau d'assainissement est de ...... /120*

- **le périmètre de gestion :** si la compétence eau et assainissement est gérée par votre commune, celle-ci doit en transférer la gestion à l'échelle intercommunale (cela deviendra obligatoire à partir de 2026), c'est-à-dire à la communauté de communes ou agglomération, ou à un syndicat, car les gestionnaires ont une meilleure vision du petit cycle de l'eau à cette échelle et ont une plus grande capacité d'investissement.

→ *sur mon territoire, la compétence eau potable est gérée à l'échelle [communale / intercommunale] : ....*

→ *sur mon territoire, la compétence assainissement est gérée à l'échelle [communale / intercommunale] : ....*

- **le mode de gestion, public ou privé :** le mode de gestion public (en régie) ou mixte public/privé (SPL, ou sociétés publiques locales) présente l'avantage d'accompagner une politique ambitieuse à long terme, en permettant aux élus d'avoir une vision globale des ressources disponibles et des usages de l'eau sur leur territoire, tout en restant souverain sur le prix de l'eau.
  Les compétences de gestion de l'eau potable et d'assainissement sont souvent gérées par des structures différentes.

→ *sur mon territoire, l'eau potable est gérée par [nom]................., une structure privée / publique / mixte : ....*

→ *sur mon territoire, l'assainissement est géré par [nom].............., une structure privée / publique / mixte : ....*

- **le prix de l'eau :** un prix de l'eau trop bas (inférieur à 3 euros par mètre cube) limite les capacités d'investissement à long terme nécessaires à l'entretien et au renouvellement des infrastructures d'eau potable et d'assainissement.

→ *sur mon territoire, le prix de l'eau est de ...... euros TTC par mètre cube*

Que faire pour prévenir le manque d'eau ?

Il appartient aux gestionnaires du petit cycle de l'eau d'anticiper les manques d'eau par une politique ambitieuse en misant sur la sobriété et la planification.

Par exemple, ils peuvent réaliser un schéma directeur d'alimentation en eau potable (SDAEP) ainsi qu'un plan de résilience pour sécuriser l'approvisionnement en eau potable en temps de crise (sécheresse, inondation, pollution accidentelle, accident industriel...). Grâce à ce travail de planification, les élus sont en capacité de faire des choix : réduire les besoins en eau potable par des efforts d'économie d'eau et éventuellement trouver d'autres ressources.

Ainsi **de nombreux territoires souhaitent interconnecter – ou « mailler » – les réseaux d'eau potable** de sorte que les territoires qui n'ont plus d'eau pour cause de sécheresse ou de pollution peuvent compter sur les ressources en eau d'un territoire voisin. L'avantage de cette interconnexion est qu'elle permet d'éviter d'acheminer de l'eau par camion-citerne ou pire, d'assurer son approvisionnement avec des bouteilles en plastique qui génèrent des tonnes de déchets.

Néanmoins, cette logique peut devenir un gouffre énergétique, car il faut parfois faire remonter l'eau sur plusieurs kilomètres avec des systèmes de pompage. Elle tend également à invisibiliser les transferts d'eau d'un bassin versant à un autre, reléguant ainsi les efforts de sobriété au second plan. De plus, les interconnexions impliquent de poser de nouvelles canalisations qui devront être entretenues à long terme pour limiter les fuites. Ces travaux coûteux engagent donc les territoires sur plusieurs générations, ce qui pose une véritable question éthique : **est-ce bien aux futures générations de payer ces infrastructures alors qu'elles vont subir de plus grands chocs énergétiques, sociaux et écologiques ?**

Les canalisations et l'énergie nécessaires pour acheminer l'eau tendent à surpasser cette capacité naturelle et peuvent donner l'illusion d'une ressource infinie. Le futur de l'approvisionnement en eau potable invite donc à **repenser la taille d'une communauté d'habitants en adaptant ses besoins aux limites du renouvellement naturel du bassin versant, et non l'inverse !**

Pour adapter, voire réduire ces besoins, les collectivités peuvent réaliser un **grand plan de sobriété** en recherchant toutes les économies d'eau possibles, en réalisant des campagnes de sensibilisation impactantes, en offrant des kits économes pour les ménages et les établissements touristiques, en subventionnant l'achat de récupérateurs d'eau de pluie pour les particuliers, en mettant en place une tarification incitative de l'eau, etc.

Pour les usages collectifs qui ne nécessitent pas une eau de qualité potable, comme le lavage des rues, l'arrosage des jeunes plants d'arbres, le curage des réseaux, les toilettes dans les bâtiments publics, il est possible de **substituer à l'eau potable les eaux de toitures récupérées.**

On peut aussi **renforcer la protection des captages d'eau potable** en accompagnant la conversion et le maintien de l'agriculture biologique des agriculteurs situés au niveau des aires de captage.

Enfin, les élus locaux doivent comprendre que le petit cycle de l'eau ne saurait exister sans un grand cycle fonctionnel. Ils doivent donc **s'intéresser davantage à l'état de santé des hydrosystèmes** (lacs, rivières, zones humides, nappes) pour garantir à long terme de l'eau en quantité suffisante et de bonne qualité.

MON ACTION

J'interpelle mes élus

→ Je leur propose de réaliser ou d'actualiser un SDAEP pour tenir compte des évolutions climatiques sur mon territoire.

→ Je les questionne sur le mode de gestion des compétences de l'eau (en régie ou déléguées au privé) et j'agis avec l'association Eau Bien Commun.

→ Je reste attentive ou attentif à la politique de préservation de l'eau et des milieux aquatiques sur mon territoire en prenant part aux projets réalisés par les collectivités.

Compteur d'eau connecté : bonne ou mauvaise idée ?

Pour responsabiliser les usagers du réseau d'eau potable, faire des économies d'eau et d'énergie, les pouvoirs publics envisagent le déploiement massif de compteurs connectés qui communiquent les consommations d'un foyer en temps réel.

Aujourd'hui, la relève des compteurs d'eau est majoritairement réalisée manuellement par des opérateurs, une à deux fois par an. Un des avantages que présente la télérelève est de diminuer drastiquement les déplacements, donc l'empreinte carbone et les coûts associés, ce qui permet de dégager des ressources financières non négligeables pour le gestionnaire.

Un autre co-bénéfice est de mieux connaître les volumes d'eau utilisés, de distinguer les types d'usage, leur répartition spatiale et temporelle pour mieux gérer les pics de demande. Leur généralisation permettrait de détecter les fuites plus rapidement et donc d'éviter la perte d'importants volumes d'eau potable, qui peuvent être très précieux en période de sécheresse.

« L'éventuel déploiement des compteurs d'eau connectés reste néanmoins différent de celui de Linky. »

Enfin, les compteurs d'eau communicants facilitent la mise en place d'une tarification incitative par tranches de prix. En faisant payer plus cher à partir d'un certain volume d'eau que l'on considère être du confort, le gestionnaire peut inciter les usagers à plus de sobriété. La principale difficulté est de déterminer le nombre de personnes vivant dans le foyer pour faire la distinction entre eau de confort et besoins de base d'une famille nombreuse.

Le gestionnaire privé **Suez a déjà installé 6 millions de compteurs d'eau connectés** sur le territoire français et en confirme les nombreux bénéfices, autant pour le gestionnaire que pour les usagers. Ces retours d'expérience séduisent les pouvoirs publics, qui envisagent de déployer massivement ces compteurs connectés d'ici 2030.

Ce chantier national rappelle celui du compteur Linky, qui avait provoqué de vives réticences. On peut s'attendre à de nouvelles contestations, notamment concernant **la confidentialité des données** ou encore la possibilité de réguler les débits d'eau à distance.

L'éventuel déploiement des compteurs d'eau connectés reste néanmoins différent de celui de Linky car il n'y a pas un seul et unique opérateur (Enedis pour l'électricité) mais **11 000 services publics** gestionnaires de l'eau potable. Cette forte hétérogénéité risque de complexifier la mise en place d'un tel dispositif. Dans un contexte de tensions grandissantes autour de sujets comme le partage de l'eau et la baisse des budgets des collectivités, difficile pour les élus locaux de porter une telle mesure sans l'aide de l'État.

FOCUS

Linky a-t-il ouvert la voie aux compteurs d'eau intelligents ?

Dans un avis préalable au déploiement de Linky, l'Ademe avait estimé des économies allant jusqu'à 10 % pour les plus gros consommateurs. Du côté des ménages, cela dépendrait fortement des conditions d'accompagnement et des actions de sensibilisation.
Si ces 10 % d'économie ont finalement bien été réalisés au cours de l'hiver 2022-2023, dans un contexte de fortes tensions énergétiques (en lien notamment avec la mise à l'arrêt de 32 réacteurs nucléaires — sur 56 — pour réaliser des opérations de maintenance), il reste difficile d'évaluer à quel point ces économies d'énergie ont été permises par le déploiement du compteur Linky ou par les mesures de sensibilisation largement déployées par le gouvernement.
Quoi qu'il en soit, Linky a marqué un tournant dans la télétransmission des données de consommation énergétique des ménages, rendant possible la métamorphose du compteur voisin : celui de l'eau.

Dois-je m'inquiéter de la qualité de l'eau du robinet ?

Il faut rappeler que **l'eau potable reste le produit alimentaire le plus suivi et le plus contrôlé de France.** Sa qualité est soumise à des normes réglementaires que le gestionnaire (qu'il soit public ou privé) est tenu de respecter. **L'eau potable est doublement contrôlée** : par le gestionnaire, d'une part, et par l'Agence régionale de santé (ARS), d'autre part, qui est un service public déconcentré de l'État. La réglementation fixe une soixantaine de critères répartis en trois grandes familles : les paramètres bactériologiques, physico-chimiques (prenant en compte la présence de nitrates, métaux lourds, pesticides...) et radiologiques.

Les résultats de ces analyses sont publiés par le ministère de la Santé, *via* un portail public, ou bien dans le Rapport sur le prix et la qualité du Service (RPQS) de la collectivité gestionnaire *via* le **portail Services EauFrance.**

Renforcer la protection de votre captage d'eau potable

Depuis plusieurs années, certaines collectivités mettent en place des dispositifs innovants pour renforcer la protection des captages d'eau potable. L'objectif est simple : **supprimer les pollutions à la source,** c'est-à-dire dans les champs.

Il s'agit de travailler en étroite collaboration avec les agriculteurs concernés par des changements dans leurs pratiques, en visant la suppression des intrants chimiques (engrais de synthèse et pesticides) dans les parcelles agricoles situées autour du captage d'eau potable. Au-delà du dispositif réglementaire qui incombe aux collectivités, les élus locaux peuvent porter des ambitions fortes en travaillant avec les agriculteurs locaux. Ils peuvent s'inspirer de démarches exemplaires comme celles de **Terres de Sources** ou encore **Eau de Paris,** pour mettre en valeur ceux qui s'engagent à changer de pratiques pour préserver l'eau, les sols, les zones humides et les haies. Ces démarches innovantes permettent de structurer des filières agricoles complètes du producteur au consommateur, tout en plaçant la préservation de l'eau au cœur des priorités.

MODE D'EMPLOI

Je vérifie la qualité de l'eau potable sur mon territoire

1. **Je me rends sur le portail du ministère de la Santé et de la Prévention, en sélectionnant l'onglet de la page « Santé et Environnement » qui concerne la qualité de l'eau potable[11].**

2. **Je sélectionne ma région pour accéder au portail de l'ARS locale.**

3. **Je sélectionne ma commune de résidence et je consulte le dernier bulletin d'analyse de qualité en comparant les concentrations mesurées avec les limites réglementaires.**

4. **Je me reporte aux conclusions sanitaires délivrées par l'ARS.**

→ ***Conclusion des dernières analyses réalisées sur mon eau potable : ....***

À noter que les analyses sont réalisées environ une fois par mois mais que la recherche des pesticides et autres substances chimiques n'est pas systématique.

FOCUS

Les pesticides dans l'eau potable

On distingue les substances mères des pesticides et leurs métabolites qui sont des substances issues de leur dégradation et dont l'écotoxicité est parfois plus importante que la substance mère.

Dans un rapport[12] publié en avril 2022, l'Agence nationale de sécurité sanitaire (Anses) avait relevé que sur les 157 pesticides et métabolites recherchés, 89 ont été détectés au moins une fois dans les eaux brutes et 77 fois même après traitement de potabilisation. L'Agence a révélé des cas particuliers et préoccupants, dont la présence du métabolite du chlorothalonil, le R471811, qui est issu de la dégradation d'un fongicide interdit en France depuis 2020. On retrouve ce résidu de pesticide dans plus d'un échantillon sur deux. Parmi les échantillons où il a été détecté, la limite de qualité est dépassée dans plus d'un échantillon sur trois, induisant un risque pour la santé humaine. Une autre substance préoccupante est le S-métolachlore, classé comme cancérogène, et perturbateur endocrinien « suspecté » par l'Agence européenne des produits chimiques (Echa). Son métabolite, le S-métolachlore ESA est retrouvé dans plus de la moitié des échantillons prélevés. Le S-métolachlore est l'une des substances actives les plus utilisées en France, notamment sur les cultures de maïs, soja et tournesol. Le ministère de l'Agriculture avait demandé à l'Anses de renoncer à la démarche de retrait de cet herbicide, au nom de la souveraineté alimentaire...

En France, la qualité de l'eau potable est généralement bonne en ce qui concerne les paramètres biologiques et physico-chimiques de base. En revanche, le doute s'installe avec la détection grandissante de pesticides dans les analyses.

Parfois, des collectivités choisissent d'investir pour éliminer les micropolluants, dont font partie les pesticides et métabolites, par la mise en place d'un traitement collectif complémentaire au niveau de la station de potabilisation, comme

l'ultrafiltration membranaire ou la filtration sur un substrat de charbon actif. Mais ces traitements complémentaires sont coûteux et énergivores. Ces surcoûts sont supportés par le budget de la collectivité ou bien répercutés sur la facture d'eau des usagers.
Quoi qu'il en soit, même si ces solutions de traitement complémentaires s'avèrent efficaces, **elles ne remplacent pas la nécessité d'agir à la source de la contamination,** d'origine agricole. Or, dans un avis publié en mars 2022, le Haut Conseil de la santé publique (HCSP) avait rappelé la nécessité de renforcer les mesures préventives visant à réduire la contamination à la source. Les agences de l'eau qui financent la mise en œuvre de telles mesures estiment que la prévention coûte bien moins cher que la mise en place des traitements complémentaires.
Enfin, il est utile de rappeler que nous sommes plus exposés aux pesticides en ingérant des aliments issus de l'agriculture conventionnelle qu'en buvant l'eau du robinet.
Il faut donc aller plus loin en changeant les pratiques agricoles.

MON ACTION

Je m'informe sur la mise en place d'un traitement complémentaire

Comme précisé plus haut, les traitements visant à éliminer efficacement les pesticides et leurs métabolites sont l'ultrafiltration membranaire, ou bien le charbon actif.
Dans le cas où mon eau potable comporte des pesticides ou métabolites dépassant les normes de qualité, je me renseigne pour savoir si ma collectivité envisage de mettre en place un traitement collectif, en consultant leur site Internet ou bien en les contactant directement.
Si le traitement collectif n'existe pas et qu'il n'est pas prévu, je mets en place des traitements individuels qui peuvent s'installer à la sortie du robinet, dans l'attente que des mesures collectives soient engagées.

FOCUS

La démarche exemplaire Terres de Sources[13]

Terres de Sources est une démarche initiée par la collectivité de l'Eau du Bassin Rennais.
Il s'agit d'un label local qui soutient et encourage les bonnes pratiques concernant la protection des captages d'eau potable du territoire des agriculteurs situés dans un rayon de 80 kilomètres. Les productions agricoles doivent remplir un cahier des charges exigeant qui visent à préserver l'eau, les sols et la biodiversité. En contrepartie, les agriculteurs sont accompagnés pour trouver des débouchés importants qui leur garantissent une juste rémunération, sécurisée sur plusieurs années.

MON ACTION

Je propose une démarche inspirante

sur le modèle de Terres de Sources, dans un esprit de collectivité gestionnaire.
Et si rien ne bouge, alors je m'engage dans une association ou auprès du conseil municipal de ma commune !

Notre eau potable n'est pas chère !

En France, **le prix moyen de l'eau en 2022 s'élevait à 4,3 euros par mètre cube** soit 0,43 centime d'euro par litre d'eau. Ce prix inclut le captage, le traitement, l'acheminement de l'eau potable et des eaux usées, l'assainissement, la gestion des boues, l'entretien et le renouvellement de toutes les infrastructures, les ressources humaines et l'énergie électrique qui permettent de faire fonctionner le tout, ainsi que la redevance pour l'agence de l'eau.

Ce prix français est proche de la moyenne européenne, qui s'élève à 4,01 euros par mètre cube. Notons sur ce point que la comparaison du prix de l'eau avec d'autres pays européens est complexe car chaque pays a sa propre politique tarifaire.

Connaît-on une autre ressource qui se raréfie, aussi vitale et peu chère que l'eau ?

Il est clair qu'à l'avenir, le prix de l'eau va augmenter pour répondre aux multiples défis posés par la mise aux normes des stations d'épuration, l'élimination des micropolluants, le renouvellement des canalisations vétustes et la sécurisation de l'accès à l'eau potable dans les secteurs qui en manqueront.

Cette augmentation sera sans doute plus progressive et indolore pour les collectivités qui auront déjà saisi ces enjeux en mutualisant ces compétences avec d'autres communes, partageant ainsi les investissements et les frais d'entretien. En revanche, pour les communes qui retardent la mutualisation, qui n'auront pas suffisamment entretenu leurs infrastructures avec un prix de l'eau bas et qui, en plus, souffrent de sécheresses ou de pollution, l'augmentation des coûts risque d'être brutale et la facture d'eau sera salée !

Les élus peuvent néanmoins choisir de lisser ce « mur » d'investissement financier en ayant recours à l'emprunt (auprès de la Banque des territoires, notamment).

Cette refonte est aussi l'occasion d'instaurer une tarification sociale et progressive de l'eau. En 2020, 11 millions de Français ont pu en bénéficier, avec la mise en place d'un « chèque eau » d'un montant moyen de 200 euros par an pour

« 83 % des Français pensent que le prix de l'eau va augmenter et près des deux tiers se disent prêts à payer l'eau plus cher. »

payer leur facture d'eau. Les collectivités mettent aussi en place une tarification progressive pour que le prix de l'eau soit plus cher à partir d'un certain seuil (exemple 100 mètres cubes/an/foyer). Ces dispositifs devraient être déployés grâce au Plan eau annoncé par le gouvernement. Mais pour ce faire, les compteurs doivent être individualisés dans les logements collectifs et les gestionnaires doivent pouvoir connaître la composition des ménages.

Malgré tout, **le budget eau pèse en moyenne 0,8 % du budget total des ménages.** D'après un sondage réalisé par le Centre d'information sur l'eau (C.I.EAU[14]), **83 % des Français pensent que le prix de l'eau va augmenter et près des deux tiers se disent prêts à payer l'eau plus cher,** si cela permet de renforcer les actions de préservation de la ressource.

MON ACTION

Je me renseigne

sur le prix de l'eau via le site Services EauFrance ou grâce à ma facture d'eau.

J'interpelle mes élus

et je les encourage à mettre en place une tarification sociale et incitative.

Mes eaux usées

Les rivières digèrent de moins en moins nos eaux usées

Les rivières ont de plus en plus de mal à digérer les polluants résiduels non traités par les stations d'épuration.

« La France est loin d'être le meilleur élève en matière d'assainissement. »

Les sécheresses plus longues et plus intenses affaiblissent les rivières qui perdent leur capacité auto-épuratoire, notamment l'été. En effet, pendant les sécheresses estivales, avec les faibles débits et les vagues de chaleur, les polluants se concentrent, le taux d'oxygène dissous chute et les algues prolifèrent, notamment les cyanobactéries, qui peuvent être toxiques : c'est le phénomène **d'eutrophisation.**

La France est loin d'être le meilleur élève en matière d'assainissement. En mai 2023, la Commission européenne a saisi la Cour de justice de l'Union européenne pour un recours en manquement contre le gouvernement français, considérant que les stations d'épuration de **78 agglomérations n'étaient toujours pas conformes,** malgré les précédentes mises en demeure. Parmi elles figure la principale station d'épuration de Paris (Paris Seine Aval) dimensionnée pour traiter les effluents de 7,5 millions de Franciliens.

Quand les réseaux d'assainissement se transforment en aspirateur

Lorsque les canalisations sont vétustes, c'est-à-dire en place depuis plus de 50 ans, il se produit un phénomène qui est l'inverse des fuites. L'eau contenue dans les sols ou provenant d'une nappe phréatique va être aspirée au niveau du raccordement des tuyaux d'assainissement qui perd son étanchéité avec le temps. Ces eaux sont appelées « **eaux claires parasites permanentes** » par les gestionnaires car elles n'ont rien à faire dans ces réseaux. Elles vont y diluer les effluents d'eaux usées et prendre leur place, réduisant ainsi la capacité de transport dans les réseaux et dans la station d'épuration. De plus, l'eau du sol ne peut plus être utilisée par la couverture végétale qui pousse en surface et l'eau d'une éventuelle nappe phréatique est aspirée au lieu de bénéficier à un cours d'eau. On considère que c'est de l'eau en moins pour les milieux aquatiques et que cela aggrave les sécheresses hydrologiques.

« Cela aggrave les sécheresses hydrologiques. »

Conséquence : la plupart des usagers paient, sans le savoir, l'assainissement d'une eau relativement peu polluée, qu'ils n'ont pas utilisée et qui est prélevée au détriment d'une nappe ou d'un sol. **Ce phénomène est difficilement quantifiable, tant les réseaux d'assainissement sont peu connus :** l'indice de connaissance est de seulement 41 points sur 120 en France, en 2020.

Voilà un phénomène délétère, invisible et de grande ampleur, qui passe complètement sous les radars.

FOCUS

Doit-on impérativement réutiliser les eaux en sortie de station d'épuration ?

Le gouvernement souhaite accélérer la réutilisation des eaux usées (REUT) notamment pour des usages collectifs ne nécessitant pas une qualité d'eau potable, comme le curage des réseaux d'eaux pluviales ou d'assainissement, le lavage des rues, l'arrosage des espaces verts. Si la REUT présente de nombreux avantages sur le littoral pour d'autres usages, comme l'irrigation agricole ou encore la recharge artificielle des nappes, elle peut être une « fausse bonne idée » si les rejets s'effectuent en rivière. En effet, les rejets de station d'épuration jouent un rôle de soutien à l'étiage de certains cours d'eau. Cela signifie qu'en été, pendant les basses eaux, ces rivières sont principalement alimentées par les rejets de stations d'épuration. Supprimer ces rejets en rivières les condamnerait à subir des sécheresses plus intenses, au détriment des milieux aquatiques. La REUT n'est pas une solution miracle. Elle ne remplacera jamais une nécessaire sobriété globale en eau et en énergie, notamment grâce à des économies d'eau réalisées par l'ensemble des usagers (en particulier les gros consommateurs). De même qu'elle ne peut égaler les multiples avantages présentés par les solutions fondées sur la nature.

MODE D'EMPLOI

Je fais pression pour améliorer les performances d'assainissement sur mon territoire

1. **Je me rends sur le Portail sur l'assainissement collectif[15].**

2. **J'identifie le milieu récepteur des eaux traitées (rivière, lac, fleuve, mer).**

   → *sur mon territoire, le milieu récepteur des eaux traitées est ....*

3. **Je note les performances de traitement de la station d'épuration et sa conformité.**

   → *sur mon territoire, la station d'épuration est jugée [conforme/ non conforme] : ....*

4. **Je consulte la liste des agglomérations concernées par l'obligation de mise aux normes.**

   → *mon territoire est concerné par l'obligation de mise aux normes : oui / non*

MON ACTION

J'interpelle mes élus en charge de l'assainissement

Si la station d'épuration n'est pas conforme, je leur demande d'accélérer sa mise aux normes et de communiquer régulièrement sur l'avancement des travaux.

Si la station d'épuration est conforme, je leur demande comment ils ont anticipé la baisse du débit des rivières l'été, et si des traitements complémentaires sont prévus dans les années à venir.

Si les rejets de votre station d'épuration s'effectuent en rivière et qu'ils envisagent un projet de REUT, je les alerte sur le risque d'aggravation de sécheresse et je les questionne sur la manière dont ils ont pris en compte ce risque.

Peut-on arrêter d'utiliser de l'eau potable dans les toilettes ?

Sans eau, en compostant ou bien en séparant les fèces et l'urine, les toilettes sèches restent les plus écologiques car elles permettent de créer un amendement organique riche pour les cultures, à condition d'une bonne gestion et d'un espace suffisant pour le compostage. Si vous ne pouvez pas transformer vos toilettes humides en sèches, il est toutefois possible d'utiliser les eaux grises provenant des douches ou lavabo, ou bien l'eau de pluie issue des toitures.

Dans tous les cas, si l'eau récupérée ne provient pas du réseau d'eau potable, il est nécessaire d'**installer un deuxième compteur et de faire une déclaration en mairie.** Si l'on inclut les coûts liés à l'installation du système de récupération, l'achat de la cuve, les travaux de terrassement, le compteur et les travaux de plomberie, **il faut compter *a minima* 4 000 euros** pour une cuve de 5 000 litres en polyéthylène, ce qui correspond aux besoins sanitaires (toilettes, douches, lavabos et lave-linge) moyens d'une famille de quatre personnes.

D'autres systèmes permettant d'alimenter les toilettes avec un recyclage des eaux utilisées voient le jour. Par exemple, un système de canalisation muni d'un capteur, placé sous le lavabo ou la douche, permettrait de trier les eaux grises faiblement polluées en vue de les réutiliser. Mais leur mise sur le marché en France nécessite une évolution de la réglementation...

D'une manière générale, la question est de savoir **qui doit assumer financièrement ces travaux : le particulier, l'État et/ou la collectivité ?**

Pour l'instant, il n'existe aucun dispositif d'aide de l'État. Des subventions publiques sont néanmoins possibles. Par exemple, la région Île-de-France subventionne les récupérateurs d'eau de pluie à hauteur de 50 % pour les usages extérieurs et de 70 % pour les usages sanitaires.

Cependant, le montant des aides et l'organisme public qui les octroie sont très hétérogènes sur le territoire français. Parfois il s'agit d'une aide forfaitaire de 50 euros, d'autres fois d'un taux de subvention, tantôt cela provient de la commune, du département ou bien de la région. Il serait utile de faire évoluer la réglementation et de mieux encadrer cette aide publique pour la rendre visible et accessible. **Les pouvoirs publics doivent s'en emparer pour faciliter le déploiement de ces systèmes,** qui permettent de faire des économies d'eau potable considérables !

FOCUS

Est-il interdit d'utiliser l'eau de pluie dans son logement ?

Un récent décret, datant du 29 août 2023, a semé le doute quant à la légalité de l'utilisation de l'eau de pluie pour les usages domestiques sanitaires. En réalité, ce décret relève du Code de l'environnement s'applique pour des usages non domestiques. Pour les ménages, il faut se référer à l'arrêté du 21 août 2008, toujours en vigueur. Même si une évolution réglementaire est envisagée, la liste des usages de l'eau de pluie autorisés reste, à date :

- **l'arrosage du jardin, le lavage de véhicule ;**
- **l'alimentation des chasses d'eau et le lavage des sols ;**
- **le lavage du linge, sous réserve d'un traitement de désinfection adapté.**

En revanche, l'utilisation d'eau de pluie reste interdite à l'intérieur :

- **des établissements de santé, sociaux et médico-sociaux, d'hébergement de personnes âgées ;**
- **des crèches, des écoles maternelles et élémentaires.**

MON ACTION

Je récupère les eaux de pluie issues des toitures

→ J'habite une maison et je veux les utiliser pour les toilettes, le lave-linge et les usages extérieurs, j'évalue mes besoins en eau en fonction de mon foyer, je fais appel à un professionnel pour évaluer les travaux de récupération, stockage et plomberie.

→ J'habite une maison et je veux les utiliser uniquement pour les usages extérieurs, je me procure un récupérateur d'eau de pluie fermé, dans un magasin de bricolage ou jardinerie.

→ En logement collectif, je propose aux autres copropriétaires d'installer un ou plusieurs récupérateurs d'eau de pluie pour les usages extérieurs.

→ Je me renseigne sur les aides publiques[16].

Grand ménage dans mes produits et médicaments

À la maison, nous utilisons quotidiennement des produits ménagers et des médicaments contenant des micropolluants qui ne sont pas traités par les stations d'épuration et s'accumulent dans les hydrosystèmes.

Parmi eux, on retrouve des **substances médicamenteuses** qui ne se dégradent pas, persistent dans les rivières et s'accumulent dans les organismes aquatiques, notamment les invertébrés, les moules, les amphibiens et les poissons.

Une récente étude[17] a montré que, **partout dans le monde, les cours d'eau et certaines eaux de consommation humaine contiennent des résidus de médicaments.**

Avec 176 000 tonnes de médicaments vendus chaque année dans les pharmacies françaises, soit 48 boîtes équivalant à 2,6 kg par an par habitant, **la France est le 5e consommateur mondial de médicaments.**

« Partout dans le monde, les cours d'eau et certaines eaux de consommation humaine contiennent des résidus de médicaments. »

Ainsi, dans les rivières françaises, on retrouve la **carbamazépine** (antiépileptique), le **diclofénac** (un anti-inflammatoire commercialisé sous le nom Voltarène) et l'**oxazépam** (un anxiolytique très utilisé dans le cadre d'un sevrage alcoolique)[18].

Une autre étude a montré que l'**ibuprofène,** l'anti-inflammatoire non stéroïdien le plus utilisé en France, aurait des effets délétères sur une espèce aquatique à la base de la chaîne trophique aquatique[19].

Si **la santé des écosystèmes aquatiques est menacée** par la persistance de ces résidus de médicaments dans l'eau, les risques sanitaires pour l'humain seraient – en l'état des connaissances actuelles – moins significatifs.

Par ailleurs, la surconsommation d'antibiotiques et l'utilisation systématique de détergents (liquides vaisselle, lessives, nettoyants) et de désinfectants (sprays, gel hydroalcoolique...) contribuent à l'apparition de **bactéries antibiorésistantes** dans l'eau. Ce phénomène entraîne une inéluctable augmentation des dépenses médicales, et des durées d'hospitalisation plus longues. L'Organisation mondiale de la santé (OMS) estime que si rien n'est fait d'ici 2050, l'antibiorésistance pourrait causer **la mort de 10 millions de personnes chaque année.**

Heureusement, on voit apparaître des initiatives médicales comme **l'Association pour l'optimisation de la qualité des soins (ASOQS)** qui rassemblent les autorités publiques, des médecins, vétérinaires et pharmaciens pour développer **l'écoprescription** qui consiste, en clair, à prescrire des molécules moins persistantes et moins délétères pour les milieux aquatiques, à efficacité et tolérance égales[20].

MON ACTION

Je réduis les produits chimiques et les médicaments

→ Je me lave les mains au savon et j'utilise des produits ménagers écocertifiés ou bien des produits faits maison à base de bicarbonate des soude, de vinaigre d'alcool, de savon noir, etc.

→ Je prends soin de ma santé par la prévention en renforçant mon système immunitaire par une alimentation saine et équilibrée, une pratique sportive régulière, un sommeil réparateur et un mode de vie moins stressant.

→ Je fais le tri des boîtes de médicaments chez moi et je rapporte les plaquettes non utilisées ou périmées en pharmacie ⇒ Je ne les jette surtout pas dans les toilettes ni à la poubelle.

→ Hormis les cas de maladies graves et chroniques, je me soigne grâce à la médecine douce (acupuncture, hypnose, sophrologie …) et j'ai recours aux antibiotiques uniquement sur prescription médicale.

→ Je parle de l'écoprescription à mon médecin et je lui demande des médicaments à faible impact environnemental, en consultant notamment le dictionnaire suédois du Stockholm County Council[21].

FOCUS

Cocktail vicieux

Des centaines de perturbateurs endocriniens sont présentes en permanence dans l'environnement et agissent rarement de façon isolée : c'est l'effet cocktail. Il résulte d'un mélange de substances micropolluantes (résidus de médicaments, pesticides...) qui ont un impact sur la santé humaine, notamment sur le système immunitaire ou reproductif.

Des équipes montpelliéraines[22] ont, par exemple, montré qu'une hormone (17α-éthinylestradiol) entrant dans la composition de certaines pilules contraceptives et le TNC, un pesticide organochloré interdit mais persistant dans les sols, peuvent s'attirer et se fixer sur un même récepteur présent dans le noyau des cellules, appelé PXR. La combinaison de ces deux substances favorise une suractivation synergique de la fonction de PXR, susceptible d'entraîner un effet toxique.

Si la recherche scientifique avance sur la connaissance de cet effet cocktail, il revient aux pouvoirs publics d'interdire la vente de certaines substances, comme les pesticides, en appliquant le principe de précaution.

Je ne suis pas raccordé au réseau d'assainissement collectif

De nombreux foyers éloignés du réseau collectif disposent d'un dispositif d'assainissement non collectif (ANC). Il s'agit généralement d'**une fosse** qui préfiltre les eaux usées avant de les épandre dans le sol ou bien dans un massif filtrant – filtre à sable, à zéolithes, etc. On retrouve de plus en plus de dispositifs de **phytoépuration** qui utilisent le pouvoir épuratoire des plantes, comme les filtres plantés de roseaux. Ces derniers présentent l'avantage de favoriser la biodiversité, de produire du paillage intéressant pour le potager et nécessitent très peu d'interventions et d'énergie électrique si les eaux s'écoulent par gravité.

Quel que soit votre dispositif d'assainissement, vous devez **veiller à l'entretenir régulièrement,** notamment en vidangeant la fosse toutes eaux, en changeant d'éventuelles pièces défectueuses ou en fauchant les végétaux.

Un service public est chargé de contrôler la conformité de votre installation : **le Service public d'assainissement non collectif** (SPANC). Il peut également réaliser des prestations facultatives pour le compte de la collectivité, comme l'entretien, des travaux ou la vidange des installations.

En 2021, 37 % des dispositifs d'assainissement non collectif n'étaient pas conformes[23]. Ce chiffre est probablement sous-estimé. Cela signifie que de nombreux foyers français non raccordés rejettent encore des eaux usées qui polluent sols, nappes et rivières avec des bactéries pathogènes et d'autres substances chimiques nocives.

Si vous constatez une telle pollution ou que vous en êtes victime, prévenez vos élus (mairie et collectivité gestionnaire de l'assainissement), le SPANC et l'Office français de la biodiversité (OFB), qui assure le rôle de police de l'eau en étant habilité à dresser des procès-verbaux.

MON ACTION

J'ai un projet de construction ou de réhabilitation d'assainissement non collectif

→ Je me renseigne pour choisir une solution efficace et dimensionner mon projet, en téléchargeant sur le portail public d'assainissement collectif[24] :

- la plaquette « Propriétaire d'une installation : les questions à poser et à se poser » ;
- la plaquette « Modèle de devis pour bien choisir son installateur » ;
- le guide d'information sur les installations ANC.

→ Une fois le dispositif choisi, je contacte le SPANC dont je dépends, qui peut me conseiller sur le choix technique et les entreprises qui proposent cette solution.

FOCUS

Prix et aides publiques pour l'assainissement non collectif

En moyenne, les coûts d'étude et de travaux avoisinent 9 000 euros TTC d'investissement pour une installation neuve et complète pour une habitation.
Les propriétaires peuvent bénéficier d'aides pour réaliser des travaux de construction ou de réhabilitation par des entreprises spécialisées :
- **des aides octroyées par l'Agence nationale de l'habitat (ANAH) ;**
- **du taux réduit de TVA (10 %) ;**
- **de prêt auprès de la Caisse d'allocations familiales (CAF) ou d'une caisse de retraite ;**
- **l'éco-prêt à taux zéro pour des travaux concernant la réhabilitation des dispositifs d'assainissement non collectif et ne consommant pas d'énergie, comme la phytoépuration.**

Mon jardin

Mon puits

En principe, tous les puits (même ceux existants) doivent faire l'objet d'une déclaration en mairie. Quant à l'utilisation de l'eau, la réglementation considère que les prélèvements inférieurs à 1 000 m³ (soit 1 million de litres) par an sont réalisés à des fins domestiques.

Au-delà de ce seuil, les prélèvements d'eau sont soumis à une autorisation administrative, une procédure longue et coûteuse qui implique de réaliser un dossier « loi sur l'eau » avec des études d'impact.

Un dossier « loi sur l'eau » concerne tout projet d'installations, d'ouvrages, de travaux ou d'activités (dit « IOTA ») susceptible d'impacter l'eau et les milieux aquatiques. Il doit être conforme aux articles L.214-1 et suivants du Code de l'environnement. En cas de déséquilibre quantitatif sur un bassin versant, c'est-à-dire quand la demande en eau excède les ressources naturellement disponibles, une réglementation locale peut s'appliquer et contraindre la réalisation de nouveaux puits.

La construction d'un puits nécessite d'être étudiée par un professionnel, avec une expertise hydrogéologique qui permet d'évaluer la profondeur de la nappe et de localiser l'emplacement de l'ouvrage. Il faut ensuite faire intervenir une entreprise spécialisée pour réaliser le forage et la construction du puits. Si vous envisagez d'utiliser l'eau à des fins domestiques nécessitant une qualité d'eau potable (cuisine, lavage corporel, etc.), alors il vous faudra prélever des échantillons d'eau et les faire analyser en laboratoire.

Si la quête d'une certaine autonomie prend de l'ampleur et que les sécheresses de plus en plus importantes font craindre davantage de pénuries d'eau, il est devenu bien tentant de construire son propre puits. Mais **ces travaux restent assez coûteux** (comptez entre 15 000 et 30 000 euros), et ils ne garantissent pas une ressource éternellement abondante.

Par ailleurs, la multiplication non maîtrisée et non concertée de ces puits privés risque de conduire à la surexploitation d'une nappe et d'entraîner des conflits d'usage à la *Manon des sources* !

Cultiver ses jardins

Quelle que soit la taille de votre jardin, vous pouvez le transformer en un lieu refuge pour la biodiversité mais également en un lieu nourricier.

Votre jardin est un puissant moyen de reprendre le pouvoir sur votre subsistance, c'est-à-dire de pourvoir à vos propres besoins alimentaires. Chaque jardin privé peut devenir à la fois un lieu de production de semences, de fruits, de légumes mais aussi une zone riche en biodiversité. Avec **plus d'un million d'hectares de jardins privés** en France, le potentiel est énorme !

Plus votre jardin accueillera une diversité d'espèces végétales (cultivée ou non), animales et microbiennes, plus vous parviendrez à un

« Il est essentiel de cultiver votre "jardin intérieur". »

écosystème résilient face aux aléas climatiques, aux maladies fongiques et aux espèces qui font des dégâts dans les cultures. La meilleure stratégie à adopter est donc de **créer une diversité d'habitats, en délimitant des zones de non-intervention,** où vous n'aurez qu'à laisser la nature agir et à l'observer faire son œuvre.

La tonte du gazon est à limiter sur vos lieux de passage, afin de laisser la végétation pousser. En effet, plus vous tondez, plus l'herbe sera « stressée », demandera de l'eau ce qui accentuera la sécheresse du sol. Au contraire, la tonte tardive permet d'installer un couvert suffisamment dense pour retenir l'eau dans les sols et favoriser la biodiversité.

Sur votre espace de culture, **les associations et la rotation des cultures, l'agroforesterie** (association de cultures avec des arbres) **et l'agriculture syntropique** (comme l'agroforesterie, mais plus dense et diversifiée) sont autant d'approches qui optimiseront votre production sur un minimum d'espace, avec un minimum d'arrosage et d'amendement organique.

S'engager dans un projet nourricier reste tout de même assez exigeant. Il vous faudra **du temps** et vous armer **de patience** pour apprendre, tester, recommencer et faire autrement.

Sans aide, vous risquez de vous épuiser et de perdre votre énergie. Il est donc tout aussi essentiel de **cultiver votre « jardin intérieur »,** la fameuse « zone 0 » en permaculture, en prenant soin de vous et de votre propre santé. **Cultivez vos relations** et entourez-vous de vos voisins, amis, famille pour échanger du matériel, des graines, mais aussi des conseils et des coups de main. Ce sera aussi l'occasion de partager **des moments de convivialité** en savourant les produits de votre jardin !

Et si vous avez un jardin mais que le temps, l'envie ou l'argent vous manque, pourquoi ne pas vous inspirer du **jardin punk**[25] pour rendre votre jardin beau et riche en biodiversité, en ne faisant presque rien[26] ? Vous pouvez également proposer votre terrain à des voisins ou des habitants de votre commune, qui seraient prêts à venir cultiver chez vous pour produire des légumes.

FOCUS

Aller plus loin avec l'hydrologie régénérative

Le *keyline design* (« conception par ligne clé ») est une méthode de conception paysagère qui vise à ralentir, répartir, infiltrer et (en dernier lieu) stocker les eaux de pluie et de ruissellement, tout en densifiant la végétation cultivée ou non, notamment les arbres.

La vision de l'hydrologie régénérative va toutefois bien au-delà du jardin ou de quelques parcelles. Il s'agit d'un projet de territoire porté à l'échelle d'un bassin versant, donc sur une superficie bien plus vaste. En effet, l'hydrologie régénérative vise à régénérer les processus hydrologiques pour améliorer la résilience des territoires face aux sécheresses, aux pluies intenses et à l'érosion des sols. Cette approche intéresse donc particulièrement les élus locaux, car elle se situe au carrefour de nombreux enjeux et compétences territoriales : l'urbanisme et l'aménagement du territoire, l'alimentation en eau potable, l'agriculture et la résilience alimentaire, la gestion des rivières, des nappes et des zones humides.

Pour se former, repérer les lieux de démonstration, se documenter et soutenir le déploiement de l'hydrologie régénérative en France, rendez-vous sur le site de l'association Pour une Hydrologie Régénérative[27] !

MODE D'EMPLOI

Je transforme mon terrain en forêt-jardin nourricier

1. Avant toute chose, je prends le temps d'observer mon terrain, le climat, l'ensoleillement, le vent, la pluie sur une année et je note mes observations dans un carnet.

2. Je participe à un stage ou une formation en permaculture avec le centre de formation Les Alvéoles et je consulte leur riche « permathèque[28] ».

3. Je dessine un schéma selon les principes de permaculture, en intégrant les cheminements de l'eau : sources, puits ou eaux de toitures.

4. J'organise les strates végétales (arborée, arbustive, buissonnante, herbacée) en favorisant les bonnes associations pour recréer une mini-forêt.

5. Je contribue aux sciences participatives en recensant les espèces que j'observe dans mon jardin, je reçois et partage de nombreux conseils pour favoriser la biodiversité de mon jardin avec les associations locales et des outils comme l'application Hortilio[29].

6. Je fais découvrir le *Pouvoir de nos jardins* aux plus jeunes grâce au carnet pédagogique de la Water Family[30].

Mes besoins en eau et l'eau disponible

Il est important d'**évaluer vos besoins en eau** pour irriguer cultures et jeunes plants d'arbres, ainsi que pour le lavage des légumes ou du matériel, etc.

On estime classiquement les besoins en eau annuels d'une activité en maraîchage **entre 1 000 et 2 000 mètres cubes par hectare, soit entre 100 et 200 litres d'eau par mètre carré de surface cultivable.**

Néanmoins, il s'agit là d'estimations grossières qui ne tiennent ni compte des caractéristiques du sol, ni des réels besoins en eau du végétal, ni des conditions climatiques (été sec ou humide, chaud ou froid). Ces volumes donnent néanmoins une base de dimensionnement afin d'évaluer le volume de stockage d'eau nécessaire.

Gardez à l'esprit que **le meilleur stockage se trouve d'abord dans le sol.** Une bonne connaissance de votre sol, notamment de sa texture et de sa structure, vous permet d'ajuster les bons apports en eau.

Avant d'installer les planches de culture, les maraîchers avertis analysent leur sol en laboratoire spécialisé pour évaluer les besoins en eau et les amendements organiques (azote, phosphore et potassium). Si, par curiosité, vous souhaitez avoir une connaissance fine de votre sol, notamment de son **taux de matière organique,** vous pouvez l'échantillonner et le faire analyser (compter une cinquantaine d'euros par échantillon). Vous pouvez aussi réaliser vous-même, sans frais, des tests assez simples comme les tests du boudin et du bocal, du sachet de thé ou du slip, en consultant des vidéos sur Internet[31].

Ensuite, **observez les ressources en eau disponibles sur votre terrain :** celles de surface (eau de ruissellement d'un toit ou d'une surface imperméable, étang ou rivière) ou celles qui sont souterraines, si vous disposez d'une source ou d'un puits. Dans un souci écologique, **priorisez l'utilisation des eaux de pluie récupérées des toitures,** éventuellement les eaux grises de la maison relativement peu chargées en polluant (cuisine) et, encore mieux, les eaux traitées par phytoépuration, si votre habitation en est équipée.

Enfin, pour les cultures de légumes, je vous conseille d'**investir dans un système de goutte-à-goutte** qui permet un apport d'eau parcimonieux et réparti de façon homogène, dans le temps et dans l'espace. Le passage d'un arrosage par aspersion à un système de goutte-à-goutte permet de faire des économies d'eau non négligeables. Pour les kits d'irrigation au goutte-à-goutte, comptez environ **1 euro par mètre carré cultivé,** soit une centaine d'euros pour un potager de 100 mètres carrés hors système de stockage, éventuel pompage, programmateur et acheminement de l'eau.

Autre que le goutte-à-goutte, vous pouvez investir dans un système d'oyas installés en série. **L'oya est une jarre d'irrigation** en terre cuite enterrée qui, grâce aux propriétés de l'argile, permet de maintenir des sols humides en profondeur et en permanence, favorisant ainsi le développement des réseaux racinaires.

Ce système en matériau naturel permet de limiter les apports en eau. Le meilleur système est donc d'installer un ou plusieurs récupérateur(s) d'eau de pluie en point haut par rapport à votre potager, et d'enterrer un système d'irrigation, où l'eau s'écoule gravitairement sans apport d'énergie électrique.

MODE D'EMPLOI

J'irrigue mon potager

1. **J'estime mes besoins en eau (même grossièrement) pour évaluer mes besoins en stockage.**

2. **J'analyse mon sol, sa texture, sa structure (tests gratuits) et éventuellement son taux de matière organique (tests payants en laboratoire).**

3. **J'installe un système de récupération d'eau de pluie (ou d'eaux grises) et un système d'irrigation que je me suis procuré en magasin de bricolage-jardinerie.**

FOCUS

Texture, structure et humus de votre sol

La texture dépend des proportions de sables, de limons et d'argiles dans le sol.
Plus un sol est sableux, plus il est « séchant », et donc moins il est capable de retenir l'eau qui s'évapore ou s'infiltre en profondeur.
Plus il est limoneux, plus il a tendance à former une croûte de battance en surface, liée à un travail du sol excessif et/ou, par « effet splash », des gouttes d'eau dues aux précipitations intenses.
Plus il est argileux, moins l'eau peut s'infiltrer en profondeur, car l'argile est naturellement imperméable.
L'idéal est d'avoir un sol avec des proportions sables/limons/argiles équilibrées. La texture n'est pas modifiable, il faudra s'en accommoder.
Cependant, il est possible de modifier la structure d'un sol en le nourrissant avec beaucoup de matière organique provenant du compost ou des apports de fumier. Le taux de matière organique d'un sol dépend de sa richesse biologique, de la diversité d'organismes capables de transformer la matière organique en humus qu'il contient.
L'humus est un amas de filaments microscopiques hydrophile, c'est-à-dire qu'il est capable de retenir l'eau ; il est aussi source d'ions (nitrates, phosphates, potassium), dont raffolent les plantes. En surface, un cortège d'insectes et de vers de terre va venir découper, fragmenter et enfouir la matière organique dans le sol. Là, bactéries et champignons vont décomposer la matière organique, puis c'est au tour de bactéries spécifiques qui vont la transformer en humus et, finalement, d'autres bactéries vont minéraliser cet humus pour produire des ions nutritifs.
Retenez que plus votre sol est vivant, plus il est riche en matière organique et donc en humus, plus il sera structuré, capable d'absorber, de retenir l'eau et de nourrir vos plantes.
Limitez, voire arrêtez le travail du sol au motoculteur, couvrez-le en permanence par un paillage ou des engrais verts entre deux cultures et nourrissez-le par des apports réguliers de compost ou du fumier.

Les mares n'ont que des vertus

> *« Une mare permet de limiter la prolifération des moustiques. »*

Les mares sont des habitats clés qui permettent d'enrichir considérablement la biodiversité de votre jardin. Soyez les bienvenus, insectes, amphibiens, oiseaux, chauves-souris et hérissons !

Par définition, une mare est une petite retenue d'eau dont la surface est inférieure à 5 000 mètres carrés, avec une profondeur maximale de 2 mètres.

Contrairement à une idée reçue, **une mare permet de limiter la prolifération des moustiques** et en particulier celle du moustique-tigre, qui est désormais partout et pose un sérieux problème sanitaire car il est vecteur de maladies comme la dengue et le chikungunya.

Une étude[32] a en effet montré que les moustiques se développent particulièrement dans des milieux artificiels comme une petite surface d'eau stagnante dans une coupelle ou le creux d'une bâche. Tandis que dans une mare, les moustiques sont prédatés en permanence, à chaque stade de leur développement, par une larve de libellule, d'amphibien ou de coléoptère d'eau douce. Si les oiseaux et les chauves-souris sont de redoutables tueurs de moustiques, les amphibiens et les odonates, qui sont inféodés aux mares, sont aussi d'importants régulateurs des populations de ces insectes.

Une évaluation de la prédation des odonates sur une espèce de moustique a révélé qu'un odonate du genre *Ischnura* est capable d'avaler jusqu'à 64 larves de moustique par jour[33] !

Une autre étude[34], réalisée par la métropole de Lyon, l'association du Graie (une association d'intérêt général, qui réalise un travail de recherche, d'animation technique et d'information sur l'eau) et des organismes de recherche, a montré que le moustique-tigre ne semble pas coloniser les bassins de rétention ou d'infiltration végétalisés. Au contraire, toutes les espèces de moustique étu-

diées auraient tendance à coloniser très rapidement, dès le mois de mai, les habitats artificialisés comme des berges ou des fonds de bassin bétonnés, plutôt que des habitats naturels comme les mares.

Comme toutes les zones humides, les mares naturelles sont en fort déclin en France et dans le monde.

Elles abritent pourtant une **riche biodiversité** et sont d'importants **puits de carbone naturel.** En creusant une toute petite mare, ne serait-ce que sur 2 mètres carrés, vous contribuez à abriter une biodiversité en déclin, tout en stockant du carbone par la décomposition et l'accumulation de matière organique dans le sol !

MODE D'EMPLOI

J'aménage une petite mare sur mon terrain[35] en mode chantier participatif

1. **J'étudie et je choisis l'emplacement de la mare :**

   - En limite d'une zone de non-intervention humaine, plutôt en périphérie de mon jardin, proche d'un muret ou d'un tas de pierres, d'une haie et d'une zone non tondue ;

   - Si possible dans une cavité ou une dépression existante sinon en terrain plat (éviter les zones en pente).

2. **Je dessine la forme de la mare, avec ses dimensions, et je la projette sur mon terrain avec des piquets reliés par une corde en prévoyant :**

   - Des formes arrondies avec une pente douce (entre 1 et 5 %) ou des paliers (orientés vers le nord) et un côté plus abrupt (orienté sud) ;

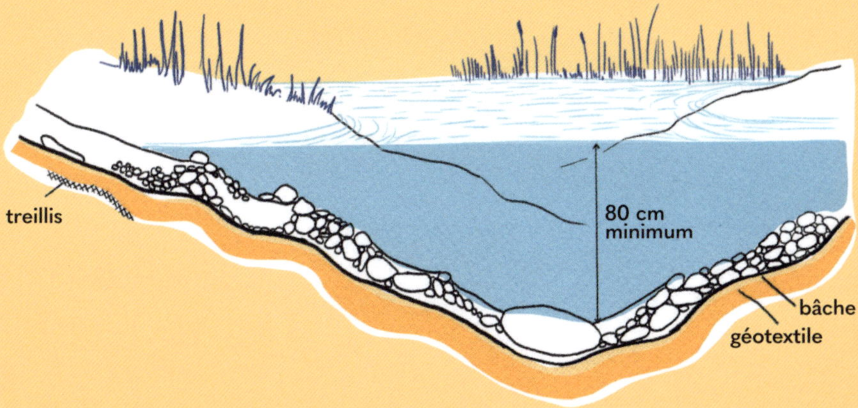

- Une zone peu profonde sur la pente douce (moins de 30 cm d'eau), où se développeront des plantes filtrantes (joncs, roseaux, reines-des-prés, iris jaunes...) et qui sera le lieu de ponte pour les odonates et amphibiens ;

- Une zone moyennement profonde (entre 30-80 cm d'eau), qui sert de refuge pour les amphibiens ;

- Une zone profonde (entre 80 cm et 2 m d'eau), où se développeront des plantes oxygénantes (myriophylles, potamots...).

3. Si j'opte pour l'imperméabilisation avec une bâche EPDM, je calcule les dimensions et quantités à acheter :

- Longueur = longueur max de la mare + 2 x profondeur max de la mare + 2 x 30 cm de bordure ;

- Largeur = largeur max de la mare + 2 x profondeur max de la mare + 2 x 30 cm de bordure.

4. **Je programme le week-end de chantier participatif avec mes voisins et mes proches.**

5. **Je participe moi-même à un chantier participatif organisé près de chez moi pour apprendre.**

6. **Le jour des travaux, je creuse le trou à la pelle si la mare est de petite taille, sinon je loue une pelle mécanique (compter 400 euros pour un week-end).**

7. **Je nettoie, je tasse et je lisse le fond de la mare.**

8. **Je tapisse d'une couche de sable et d'un géotextile (compter 15 euros pour 10 mètres carrés) pour limiter le risque de percer la bâche.**

9. **J'imperméabilise le fond de la mare avec :**

   - Soit les argiles de mon terrain, si je dispose d'un sol très argileux, en tapissant et en tassant vigoureusement à la pelle mécanique ;

   - Soit une bâche EPDM, ce qui reste la solution la plus sûre et la moins coûteuse pour garantir l'étanchéité de la mare à long terme (garantie au moins 10 ans), je centre la bâche sans en fixer les bords tout de suite (il faut attendre qu'elle se remplisse pour ajuster les bordures).

10. **Je remplis la mare :**

- D'un substrat pour les plantes avec un mélange de sable, graviers et éventuellement des blocs à acheter/trouver près de chez moi, un peu de terre et des galets grossiers de mon jardin (**j'évite les pierres trop angulaires** risquant de percer la bâche, et **j'évite de me servir dans la rivière** du coin qui a besoin de ses cailloux !) ;
- Avec les eaux de ruissellement, idéalement depuis une baissière ou une noue (issue du *keyline design*) construite dans une pente qui surplombe ma mare, sinon avec l'eau de pluie récupérée d'une toiture à proximité **(j'évite de remplir avec l'eau potable du réseau public !).**

11. **J'enfouis les bords de la bâche derrière un bourrelet de terre, avec du sable et des galets, la terre et les mottes d'herbe issues du trou.**

12. **J'aménage si besoin un trop-plein sur une des bordures et une zone d'expansion en aval.**

13. **Je laisse la végétation se développer spontanément sinon je demande conseil auprès d'une association locale agissant en faveur de la biodiversité en n'introduisant que les espèces locales (je n'introduis pas de poissons ni d'espèces exotiques envahissantes).**

14. **J'installe une clôture pour les enfants, surtout si la mare est profonde, et pour les animaux de compagnie risquant de perturber ce nouvel écosystème.**

NIVEAU 2

Au quotidien,

je réduis mon empreinte eau !

Mon empreinte eau

L'empreinte eau, reflet de nos modes de consommation

L'empreinte eau, comme indiqué précédemment, désigne l'appropriation humaine de l'eau pour produire tout ce que nous utilisons et consommons au quotidien : nourriture, énergie, vêtements, numérique, objets électroniques et transport.

Il s'agit d'un volume d'eau nécessaire à la fabrication d'un produit, que l'on peut quantifier tout au long de son cycle de vie, de sa production à son élimination ou recyclage. Par extension, **notre empreinte eau est le reflet de notre mode de vie** dans une région ou un pays entier.

Cette définition d'apparence simple revêt cependant des couches de complexité telles qu'il n'existe toujours pas, à date, une approche unique qui parle à tout le monde, tant aux entreprises qu'aux particuliers – comme pour l'empreinte carbone – et qui fasse consensus !

En fait, deux approches se sont développées en parallèle pour calculer l'empreinte eau. L'approche volumique, plutôt destinée au grand public, et l'approche multicritère, qui est plus sophistiquée et employée par les entreprises.

L'empreinte eau volumique se calcule en faisant la somme totale de :

- **L'empreinte eau verte** correspondant au volume d'eau de pluie infiltrée dans le sol, évapotranspirée par la biomasse que l'on mobilise (prairies, forêts) ou que l'on cultive pour fabriquer un produit (céréales, fourrage, soja, palmiers à huile, coton...) ;

- **L'empreinte eau bleue** correspondant au volume provenant d'une rivière, d'un lac ou d'une nappe qui, pour fabriquer un produit ou de l'énergie, est consommée – parce qu'elle ne revient pas directement dans son milieu d'origine : soit elle s'évapore (évapotranspiration des cultures irriguées, eau évaporée des centrales thermiques ou d'une usine...), soit elle se perd en raison des fuites d'un réseau ;

- **L'empreinte eau grise** correspondant au volume rejeté sans traitement préalable (rejet d'usine, de centrale thermique, ou lessivage des sols agricoles...).

Ainsi, on s'aperçoit que notre empreinte eau va bien au-delà de notre utilisation quotidienne d'eau potable à la maison.

En fait, **le principal secteur qui influence notre empreinte eau est l'alimentation,** en particulier la consommation de **viande** (15 000 L/kg de viande de bœuf, 5 000 L pour le porc et 4 000 L pour la volaille) et de **produits laitiers** (3 100 L/kg de fromage). La consommation de **vêtements,** en coton notamment (11 000 L pour un jean) et d'objets électroniques (12 000 L pour un smartphone). Moins évident, on a aussi besoin de cultures pour fabriquer nos **agrocarburants** (2 900 L pour produire 1 L de bioéthanol à partir de maïs).

Cette notion d'empreinte eau révèle aussi le fait qu'à travers le marché international, **nous exportons et nous importons de grandes quantités d'eau dite « virtuelle ».** Nous faisons en effet le choix d'exporter l'eau qui tombe sur notre sol, de même que nous choisissons de dépendre de la disponibilité en eau des autres pays en important certains produits et matières premières. Les conflits géopolitiques et les bouleversements écologiques en cours mettent en lumière cette dépendance et viennent véritablement poser la question de notre souveraineté.

FOCUS

L'empreinte eau : une histoire sans fin

Ce concept d'eau virtuelle a émergé dans les années 1990 grâce à un chercheur anglais, Tony Allan[36]. Il était intrigué par le fait que les pays arides au sud de la Méditerranée et au Moyen-Orient importaient des quantités croissantes de céréales et l'eau virtuelle associée, qui provient des pays producteurs et exportateurs. Il développe l'idée que plus un État importe des produits riches en eau virtuelle (céréales, produits animaux…), plus il se rend dépendant des ressources en eau disponibles des pays producteurs.

Dans le même temps, Malin Falkenmark, une hydrologue suédoise reconnue pour ses responsabilités au sein de divers conseils scientifiques internationaux, a introduit pour la première fois le concept d'eau verte, défini comme l'eau de pluie qui s'infiltre dans la zone racinaire et utilisée pour la production de biomasse.

La recherche scientifique se mobilise progressivement pour faire le lien entre eau verte et eau virtuelle. Après une dizaine d'années de travaux, les chercheurs néerlandais Arjen Hoekstra et son équipe publient en 2011 une méthodologie et un référentiel sur « l'empreinte eau volumique[37] ». Ces travaux sont à la base des outils développés par le réseau international Water Footprint Network.

Cette approche de l'empreinte eau volumique présente l'avantage d'intégrer toutes les couleurs de l'eau (eau verte, eau bleue, eau grise). Elle permet également de faire la distinction entre empreintes internes et externes *via* les produits importés, ce qui permet d'estimer le degré de dépendance aux ressources des pays exportateurs. Il s'agit de la seule approche « compatible avec le sens commun », ce qui n'est pas le cas des autres méthodes.

En parallèle, une autre méthodologie s'est développée auprès des acteurs économiques, comme les industries agroalimentaires soucieuses de quantifier l'impact de leur entreprise sur la ressource eau et la durabilité de certains produits. Ainsi l'empreinte eau multicritère est-elle basée sur l'analyse du cycle de vie (ACV) pour quantifier les impacts quantitatifs et qualitatifs, à toutes les étapes de la vie d'un produit. Cette seconde approche a conduit à un important travail de codification ayant abouti à la norme ISO 14046. Elle tient compte du stress hydrique des pays exportateurs, des effets de privation d'eau sur les écosystèmes et la santé humaine.

Ainsi l'empreinte eau d'un t-shirt en coton de 250 g peut être de 2 700 l avec l'approche volumique, mais elle est en moyenne de 39 100 l avec la méthode multicritère AWARE[38], qui prend en compte l'impact de la production de coton dans les pays subissant un fort stress hydrique.

Ces deux approches sont loin d'être incompatibles mais elles n'ont malheureusement pas été développées en synergie, l'une pouvant pallier les manquements de l'autre.

Daniel Zimmer, un expert français du sujet, plaide[39] pour la création d'une seule empreinte, avec une partie volumique et une partie descriptive, qui tienne compte des impacts quantitatifs et qualitatifs sur l'eau, mais aussi sur les écosystèmes, la santé humaine et les futures générations.

Dans tous les cas, il faut sensibiliser tous les citoyens à l'empreinte eau pour rendre compte des volumes d'eau verte et d'eau bleue mis en jeu par nos modes de vie, puisque nous en avons franchi les limites planétaires.

Quant aux entreprises, il est important qu'elles passent par l'analyse de leur empreinte eau multicritère et qu'elles aient le courage de faire des choix dans leurs modes de production et d'approvisionnement auprès des pays producteurs en fort stress hydrique. La question se pose par exemple au sujet de la culture de coton en Ouzbékistan, les tomates du Maroc ou l'avocat d'Espagne.

La France importe et exporte beaucoup d'eau virtuelle[40]

Ainsi, il a été calculé qu'**un Français a une empreinte eau volumique moyenne de 4 900 litres par jour,** supérieure à la moyenne mondiale (2 900 litres par jour).

L'analyse de l'empreinte eau française révèle deux choses :

- Premièrement, **87 % de cette empreinte est liée aux produits agricoles** que nous consommons quotidiennement. **Notre régime alimentaire riche en protéines animales, en particulier en viande, pèse beaucoup dans la balance** ;

- Deuxièmement, **nous importons beaucoup d'eau virtuelle,** autant que nous en exportons *via* les produits agricoles et industriels que nous échangeons avec d'autres pays.

Cette interdépendance n'est pas un problème en soi, elle a même permis le développement économique de certains pays, mais parfois au prix fort : épuisement et pollution de leurs ressources et des écosystèmes, déforestation massive et terres perdues pour les populations locales.

Du côté de l'eau importée, la France compte beaucoup sur l'eau verte du Brésil, notamment pour les cultures du soja (sous la forme de tourteaux pour l'alimentation du bétail français), du cacao, du café, mais aussi du liège et du bois. À noter qu'aujourd'hui le Brésil n'a jamais vendu autant de produits à l'Union européenne depuis 25 ans, profitant de la guerre en Ukraine et de la période post-crise pandémique.

Il a été démontré que les pratiques intensives responsables de la déforestation amazonienne impactent négativement le régime des pluies des pays voisins (Pérou, Argentine), ceci étant lié au changement d'usage des sols qui influencent les processus de recyclage de l'eau de pluie à l'échelle continentale, *via* les flux d'eau verte. L'agriculture intensive accélère le dépérissement de la forêt amazonienne qui constitue un des principaux points de bascule climatique. Ces points de bascule sont des phénomènes susceptibles d'entraîner des réactions en chaîne irréversibles et incontrôlables à l'échelle planétaire.

En outre, nous comptons aussi beaucoup sur l'eau verte de nos voisins européens et nous consommons également leur eau bleue, en particulier pour les fruits et légumes espagnols. Or, les sécheresses successives que subit l'Espagne depuis 2018, ne permettent plus de remplir les nappes, ni leurs barrages réservoirs. Pour satisfaire les besoins pour l'irrigation, mais aussi les pics de demande pour le tourisme de masse, les autorités espagnoles déploient de grands moyens pour dessaler l'eau de mer avec des usines émettrices de gaz à effet de serre (GES), aggravant au passage les effets du changement climatique (un bel exemple de maladaptation) et la destruction de la biodiversité marine *via* les rejets de saumures au large des côtes.

Plus loin, nous contribuons aussi à l'épuisement et à la pollution des ressources en eau de l'Ouzbékistan, de l'Inde et de la Turquie en important nos vêtements en coton. Tous ces pays sont à un niveau de stress hydrique extrême et le seront davantage avec le changement climatique.

Côté exportations, nous exportons beaucoup notre eau verte et notre eau bleue *via* le blé, le maïs et les produits animaux vendus aux voisins européens (Belgique, Italie, Espagne, Allemagne) générant des pollutions dans nos rivières et nappes *via* les intrants chimiques agricoles lessivés par les sols (eau grise).

« L'empreinte eau de la France est déficitaire, car nous sommes très dépendants des importations. »

En faisant le bilan, l'empreinte eau de la France est déficitaire, car nous sommes très dépendants des importations de denrées alimentaires comme le soja pour l'alimentation du bétail, le café, le cacao, et de ressources non alimentaires comme le bois, le textile, les métaux et les terres rares. Cette forte dépendance vis-à-vis des autres pays traduit une grande vulnérabilité face aux aléas climatiques, notamment les sécheresses et inondations.

Dans un monde où l'humanité a franchi des limites planétaires, où les conflits géopolitiques sont extrêmement tendus, et où nous nous rapprochons dangereusement des points de bascule climatique, il apparaît légitime de questionner nos modes de vie, et de les infléchir vers la sobriété.

MON ACTION

J'évalue mon empreinte eau

→ Je calcule mon empreinte eau adaptée au territoire français sur https://nosgestesclimat.fr/

→ Je m'informe sur l'empreinte eau de certains produits sur le site du réseau international Water Footprint Network[41].

→ Je vais plus loin sur le concept d'empreinte eau avec les ouvrages de Daniel Zimmer[42].

→ Je fais bouger mon entreprise pour prendre en compte la notion d'empreinte eau.

→ Je sensibilise les plus jeunes à la notion d'empreinte eau avec les outils pédagogiques du « programme Water Responsable » de la Water Family.

Mon alimentation

Manger... moins d'eau

Les études scientifiques ont établi un lien clair entre régime alimentaire et empreinte eau. **Changer son alimentation est le levier le plus efficace pour réduire son empreinte eau !**

Mais les Français sont accros à la viande, et surtout au jambon et au saucisson. La **viande porcine** arrive en tête avec 38 % de toute la viande consommée. 70 % de ce porc est produit en France, et la quasi-totalité[43] des cochons élevés n'ont jamais vu le Soleil. Rappelons qu'au-delà du bien-être animal plus que malmené dans les porcheries industrielles, l'industrialisation de la filière en Bretagne est responsable de l'eutrophisation des eaux côtières et l'apparition d'**algues vertes** qui s'accumulent sur les plages et dégagent de l'hydrogène sulfuré, un gaz toxique suspecté d'avoir causé la mort de trois personnes et de dizaines d'animaux[44].

« En 2022, chaque Français a consommé en moyenne 85 kg de viande. »

Notre consommation de poulet a explosé en dix ans, elle représente désormais plus d'un quart de la viande consommée. Pour satisfaire cette demande, nous importons beaucoup des pays étrangers, principalement la Belgique et la Pologne. **1 kg de poulet sur 2 consommés provient de l'étranger.** Plus de 80 % des poulets consommés sont élevés dans des conditions intensives en s'alimentant à base de céréales (dont le maïs) et du soja issus d'une agriculture intensive, affectant les sols, épuisant les ressources en eau et la forêt amazonienne.

Quant à la viande bovine, la consommation française tend à légèrement baisser, représentant aujourd'hui moins d'un quart de notre consommation totale de viande. Si la viande bovine affiche l'empreinte eau la plus élevée en raison des grandes quantités d'eau verte qu'elle mobilise, notre consommation croissante de porcs et de volailles tend à alourdir notre empreinte eau.

Réduire sa consommation de viande relève aussi d'un enjeu sanitaire. En 2022, **chaque Français a consommé en moyenne 85 kg de viande[45].** Or, pour limiter les risques de maladies cardiovasculaires, le service Santé publique France préconise une consommation d'environ 500 grammes par semaine, soit 26 kg par an[46]. On peut donc **facilement réduire notre consommation de viande par trois.** En passant à un régime végétarien, on peut réduire notre empreinte eau d'environ **1 700 l par jour,** soit un tiers de notre empreinte eau quotidienne.

En outre, réduire de moitié la consommation française de viande permettrait de réduire notre empreinte carbone de 20 % à 50 %, d'après une étude réalisée par le Réseau Action Climat et la Société française de nutrition (SFN).

Cela permettrait également de **réduire la pression sur le foncier agricole.** Ademe estime que cette consommation représente **la moitié de son « empreinte sol »** qui correspond à l'ensemble des surfaces (domestiques ou internationales) mobilisées directement ou indirectement pour satisfaire une consommation donnée. En passant d'un régime très carné (170 g de viande par jour) à un régime entièrement végétal, l'empreinte sol chute

de 4 000 m^2 par an, passant de 5 200 mètres carrés pour un régime très carné à 1 200 mètres carrés pour un régime à base de protéines végétales. On aurait donc largement de quoi retrouver des prairies, des zones humides, des haies et des jachères dans nos champs.

En fait, nous pourrions tout à fait continuer à manger de la viande, mais en moindre quantité et produite autrement.

Il est important de **soutenir les systèmes pratiquant un élevage en polyculture favorable à la biodiversité,** car ils permettent de maintenir les milieux ouverts, telles des prairies permanentes, des zones humides, et des pelouses sèches. En choisissant les produits issus de ces fermes, vous contribuez à soutenir les agriculteurs français qui préservent la qualité de l'eau, qui enrichissent les sols en biodiversité, en matière organique et donc en carbone, et entretiennent des paysages bocagers et agroforestiers.

L'idée est donc de diminuer les quantités de viande consommées et de choisir des viandes de meilleure qualité issues de **fermes locales labellisées**.

FOCUS

Labels : Help !

Les labels sont censés guider les consommateurs vers des produits de qualité. Le problème étant que leur nombre croissant alimente la perplexité, voire le scepticisme. Pour n'en citer que quelques-uns : Appellation d'origine protégée (AOP), Label rouge, Agriculture biologique (AB), C'est qui le patron ?!, Bleu-Blanc-Cœur, ou encore issus d'une exploitation à Haute Valeur Environnementale (HVE).

Sont-ils de véritables gages de qualité ou juste des arguments marketing ? Les impacts socio-économiques – notamment vis-à-vis des agriculteurs – et les impacts environnementaux sont-ils sincères, ambitieux, mesurables et contrôlés ? Les associations Greenpeace, WWF, le Bureau d'analyse sociétale pour une information citoyenne (Basic), ainsi que UFC-Que choisir ont réalisé des études sur leur fiabilité. L'une a abouti à un guide[47], qui permet d'analyser en un coup d'œil 10 labels par le prisme de 14 critères socio-économiques et environnementaux. Ainsi, parmi les plus fiables, on retrouve AB et,

dans une moindre mesure, Bleu-Blanc-Cœur pour les produits laitiers. Aucun label n'a cependant de réels impacts positifs sur la qualité de l'eau, à l'exception d'AB.
L'agriculture biologique reste le seul label dont le cahier des charges est suffisamment exigeant pour réduire drastiquement les intrants chimiques (engrais et pesticides) et limiter la pollution de l'eau. Mais seulement 13 % des Français mangent du bio tous les jours et plus de 9 Français sur 10 trouvent les produits bio trop chers, d'après le ministère de l'Agriculture et de l'Alimentation. C'est le résultat d'une absence totale de soutien au développement de l'agriculture biologique de la part du politique, tant au niveau européen qu'au niveau français. Actuellement, les agriculteurs bio ont plus à perdre qu'à gagner Ils s'endettent davantage que les agriculteurs conventionnels, sans aucune garantie sur les débouchés. Les origines de la bio et les freins à sa généralisation sont décryptés dans l'ouvrage de Pierrick De Ronne, *Bien manger pour vivre mieux : Manifeste pour un monde plus bio et plus juste*[48].
Enfin, le label Zéro Résidus de pesticides et la certification Haute Valeur Environnementale (HVE) ont des effets faibles et peu avérés sur les critères de santé humaine et les critères environnementaux (eau, biodiversité, climat...), en particulier concernant l'usage des pesticides. D'après une note interne de l'OFB, les seuils retenus dans l'achat de pesticides ne sont pas suffisamment discriminants. Résultat : les vins et les pommes certifiés HVE, qui représentent 80 % du label, restent très gourmands en pesticides.

Jeter moins d'eau

D'après les données de l'Organisation des Nations Unies pour l'alimentation et l'agriculture (FAO), la production de nourriture est en moyenne de 900 kg par Européen. On estime que 30 % de cette production est perdue tout au long de la chaîne, des champs à l'assiette. En gaspillant en moyenne entre 70 et 100 kg de nourriture par an, **un Européen jette chaque jour 500 l d'eau virtuelle à la poubelle[49].**

D'après des enquêtes réalisées par le programme d'action sur les déchets et les ressources, le gaspillage des consommateurs affecte en particulier les produits exotiques comme les bananes, le café, le cacao, le riz, etc. Des produits en provenance du Ghana, de la Côte d'Ivoire, de l'Inde, du Brésil, de la Thaïlande, des pays en fort stress hydrique.

Pour arrêter de jeter l'eau verte et la précieuse eau bleue de ces pays, on peut tout simplement réduire nos achats et consommer ces produits avec parcimonie. Et si certaines pertes domestiques sont vraiment inévitables, alors mieux vaut pratiquer **le compost et utiliser le bac à biodéchets** que la poubelle !

D'après le Programme des Nations Unies pour l'environnement (PNUE), le gaspillage alimentaire génère jusqu'à 10 % des émissions de gaz à effet de serre dans le monde et nécessite d'immenses terres agricoles. Si l'Europe était un pays, les experts notent qu'il serait le « troisième émetteur de gaz à effet de serre, derrière les États-Unis et la Chine[50] ».

La lutte contre le gaspillage alimentaire et pour le développement du compostage, qui relève du bon sens, s'est récemment traduite en droit français par une **loi anti-gaspillage pour une économie circulaire.**

Les principaux acteurs visés sont la distribution alimentaire et la restauration collective (supermarchés, cantines...), qui devront réduire le gaspillage de 50 % d'ici 2025, par rapport à 2015. Le législateur entend mettre fin à l'élimination des invendus non alimentaires en encourageant le don en faveur des associations et, sinon, le recyclage. Il est clair que **cette ambition demeure insuffisante** et que seules des opérations de contrôle et des contraintes financières strictes feront bouger les lignes. Il arrive donc que de grandes enseignes de distribution continuent à jeter de grandes quantités de nourriture en toute impunité.

Mais là encore, vous avez un immense pouvoir, sans doute bien plus que la loi : **boycotter ces enseignes.** Il en existe d'autres comme Biocoop, qui recyclent et donnent les invendus aux associations locales. De plus, **Biocoop** a développé un cahier des charges exigeant sur les produits distribués, avec des critères éthiques et des produits labellisés bio, et travaille le plus possible avec des producteurs locaux en leur garantissant une juste rémunération.

MON ACTION

Je reboucle le cycle du carbone, de l'eau et des nutriments

→ Je me renseigne auprès de ma collectivité gestionnaire des déchets pour récupérer gratuitement un ou plusieurs **bacs à compost.**

→ Idéalement, j'installe trois **bacs** : le **bac à compost**, où l'on jette ses déchets, le **bac à matière sèche et carbonée** (feuilles, branches et bois broyés) et le **bac de maturation** d'où l'on récupère le précieux compost pour le jardin.

→ J'adopte les bonnes pratiques pour réussir mon compost[51] : je sais ce que je peux mettre avec ou sans modération, ce que je ne dois jamais mettre (produits chimiques et synthétiques), je sais bien mélanger les matières carbonées, azotées, sèches et humides, broyer si besoin, aérer régulièrement (tous les 1 à 2 mois), surveiller l'humidité…

→ Habitant en ville, et sans compost, j'utilise les points de collecte de biodéchets ménagers (obligatoirement mis en place par les collectivités depuis le 1er janvier 2024).

→ Je fais la chasse aux pertes alimentaires.

→ J'utilise l'application Too Good To Go auprès des magasins et des restaurateurs adhérents.

→ Je boycotte les supermarchés et hypermarchés qui continuent à jeter leurs invendus à la poubelle et à pousser à la surconsommation.

Histoire d'un barbecue en 2035

Bienvenue dans une société utopique où le système agroalimentaire a basculé ! Mais pour réaliser cette profonde mutation, les humains ont dû traverser une période de troubles intenses.

En 2027, le phénomène El Niño a frappé très fort en se cumulant au réchauffement climatique. Sécheresses, incendies et inondations ont été d'une telle intensité que tous les pays du monde ont subi des pertes agricoles sans précédent. Les productions céréalières et animales ont chuté au point que, pendant deux ans, les transporteurs se sont arrêtés. En France, la moitié des boulangeries et des boucheries ont fermé, le prix de la baguette a quintuplé. Un peu partout, la grande distribution et les fast-foods ont vacillé. Certaines banques, des assurances et des multinationales ont commencé à s'effondrer, mettant les marchés internationaux en péril. Viande, beurre, sucre et produits ultra-transformés ont déserté les rayons des supermarchés. On craignait de voir éclater des émeutes de la faim et des vagues migratoires par milliers. Proches du collapsus, les États ont pris des mesures drastiques et ont repris la main sur leur souveraineté alimentaire en tenant compte des évolutions climatiques. Cette fois, pas question de reproduire les erreurs du passé. Ils ont instauré un conseil international avec un panel d'experts très variés en sciences techniques, humaines, sociales, économiques mais aussi, et pour la première fois, des représentants de peuples autochtones. Les conclusions de ce travail ont été approuvées par les chefs autochtones, qui ont pu reprendre leurs terres avec l'engagement de tous les États.

Nous sommes en 2035, cinq ans après la grande refonte du système agroalimentaire mondial. Au cœur de l'été, comme chaque année, la canicule bat son plein et fait fuir les habitants des villes où le thermomètre des pharmacies affiche au moins 45 degrés.

Louise, Ilian et leurs deux enfants habitent en périphérie d'une grande métropole, leur quartier pavillonnaire a muté en un hameau fertile avec une multitude de jardins nourriciers. Il fait 33 degrés à l'ombre des arbres qui peuplent leur jardin agroforestier partagé. Cette année, leur verger-potager est très productif et il y a beaucoup à récolter ! Ils ont donc organisé une journée de récolte et de transformation de fruits avec des amis et voisins.

Confitures, coulis et compotes en tous genres remplissent de nombreux bocaux stérilisés. Le soleil décline alors qu'un barbecue se prépare, les invités dressent la table avec entrain. Louise interrompt les discussions animées :

— Bon, pardon les végétariens, mais c'est la fête, ce soir, on sort les chipos et merguez de la Ferme des 4 saisons ! Qui en veut ?

— Ceux qu'on a préparés ensemble chez Olivier ? se souvient Vivien.

— On n'a que ça chez nous ! répond Louise avec un clin d'œil.

Elle fait le compte : deux végétariens, quatre flexitariens, plus quatre enfants. Simon arrive avec les salades et les gratins réalisés avec les pommes de terre du quartier, embrassant Louise au passage, qui s'attelle à la cuisson du barbecue. En 2035, la cuisine n'est plus genrée !

Les enfants apportent les cruches d'eau et du pain paysan de la ferme Épidor, qui se trouve à une dizaine de kilomètres. On retrace le parcours des mets qui garnissent la table, une conversation s'engage autour des courses et des régimes alimentaires.

Alice et Julie sont jeunes, actives, et travaillent en centre-ville. Elles adhèrent à une **Amap** (Association pour le maintien d'une agriculture paysanne) qui propose des fruits, légumes, fromages, yaourts, pains et œufs issus de productions locales, en **agriculture biologique de conservation.** Elles récupèrent leur panier chaque mardi soir dans la cour de l'école où travaille Julie. « Pratique ! » sourit-elle. Elle raconte qu'elle a proposé l'accueil de cette nouvelle Amap dans son école et qu'elle nourrit déjà une centaine de familles ! Cela a permis de créer du lien entre parents d'élèves et producteurs locaux. Grâce aux paniers de légumes préparés, Alice et Julie ont découvert des légumes et de nouvelles recettes que l'on s'échange allégrement. Parfois, les adhérents donnent des coups de main aux maraîchers, ce qui permet de susciter de belles rencontres : Alice a trouvé son nouveau job en discutant avec un adhérent qui travaille à la coop' d'énergie solaire !

Louise et Ilian sont autonomes à 80 % en fruits et légumes de leur **jardin nourricier.** Cela prend du temps, mais ils ont pu aménager leur rythme de travail et puis l'entraide avec les voisins est très précieuse ! Les familles s'occupent tour à tour du poulailler collectif. « De toute façon, on est obligé de s'occuper des poules parce que les jeunes adorent ça ! » explique Louise.

Quant aux voisins, Vivien et Nora, ils avouent ne pas avoir le temps de s'investir dans une **Amap.** Vivien cumule ses activités avec son mandat d'élu local, Nora travaille dans une coopérative agricole, elle fait donc ses courses à la sortie du travail au magasin de producteurs, pour compléter leur production vivrière.

Finalement, toutes les familles bénéficient de la **Sécurité sociale de l'alimentation** (SSA), une aide de **150 euros** par mois et par personne, que chacun peut dépenser dans un magasin conventionné ou bien allouer à l'abonnement à une Amap. Ilian se souvient de sa forte implication dans l'institutionnalisation de la SSA, au moment de la refonte du système alimentaire. Aujourd'hui, il est l'un des administrateurs de la caisse de l'alimentation et il préside la commission des producteurs particuliers.

Tous s'accordent pour dire qu'ils et elles cuisinent plus qu'avant, mais que ce temps est partagé entre les parents et les ados, qui font leur part. Cela a réduit considérablement leur temps passé derrière les écrans et leur permet de réviser leurs fondamentaux avec la nouvelle matière, « **Bien manger** », intégrée aux programmes scolaires. Julie acquiesce : « Tout est une affaire d'éducation, pour les petits comme pour les grands ! » Elle raconte la surprise des parents quand ils découvrent les coulisses de la cantine des enfants, à l'occasion des journées portes ouvertes de l'école.

Finalement, tous les établissements, de la maternelle aux études supérieures, sont approvisionnés à 80 % par des producteurs locaux, dans un rayon de 150 kilomètres. La Métropole a ainsi atteint les objectifs de son **Plan alimentaire territorial** :

une partie des semences est produite localement, les producteurs partenaires s'engagent à travailler en agriculture biologique de conservation et selon les principes d'agroforesterie. Ils alimentent la restauration collective et les magasins de producteurs, contribuant par la même occasion à la **bonne qualité de leur eau potable.** Toute la filière de transformation, de conservation et de distribution s'est construite rapidement avec les acteurs privés. Mais Vivien se souvient que le travail avait déjà commencé, il y a plus de dix ans ! La crise a été un véritable accélérateur, même s'il reste encore du chemin à faire. Il travaille avec les autres élus de la métropole sur le développement du réseau régional **de semences paysannes, des pépinières solidaires, la formation des cuisiniers et des maîtres-composteurs,** l'installation de nouveaux agriculteurs avec **Terre de Liens et Fermes En ViE.**

Aux premières lueurs de la Lune, la fraîcheur nocturne s'installe progressivement. Grillons et grenouilles entament leur symphonie quotidienne, éteignant peu à peu les conversations. Les amis se rencardent pour la prochaine fête paysanne, l'occasion de cuire le pain dans le four au feu de bois à la ferme Épidor !

MON ACTION

Je soutiens les associations qui œuvrent dans le sens de cette utopie

→ *Pour les techniques et formations agricoles :* Les décompactés de l'ABC, l'Association française d'agroforesterie, Pour une hydrologie régénérative, 4p1000, l'Atelier Paysan…

→ *Pour la résilience alimentaire des territoires et la SSA :* Les Greniers d'Abondance, le Conseil national de la résilience alimentaire (CNRA), le collectif pour une Sécurité sociale de l'alimentation, Terres en villes, le réseau d'entraide citoyenne Biilyo, le réseau national des Amap…

→ *Pour l'installation agricole :* Fermes En ViE, Terres de Liens, Fermes d'Avenir…

Pour un système agroalimentaire résilient et socialement juste

Le changement climatique, la crise de la biodiversité, la raréfaction des ressources et les conflits géopolitiques sont autant de raisons qui poussent les États à se soucier de leur **souveraineté alimentaire.** Mais cette notion ne relève pas d'un souci contemporain. Elle est apparue avec la déclaration de Rome de la **Via Campesina,** en marge du Sommet mondial de l'alimentation de 1996.

« La souveraineté alimentaire est le droit de chaque pays à maintenir et développer sa propre capacité de produire son alimentation de base, en respectant la diversité des cultures et des produits. Nous avons le droit de produire notre propre alimentation sur notre propre territoire. **La souveraineté alimentaire est une condition préalable d'une véritable sécurité alimentaire**[52]**.**»

Cette définition pourrait tout à fait inclure la notion de limites planétaires. En ce qui concerne l'eau, on peut s'interroger : jusqu'à quel point un pays peut-il échanger des produits riches en eau virtuelle, par rapport à ses ressources disponibles et son niveau de stress hydrique ? Pour l'heure, aucun État n'est capable de répondre à cette question, et il n'existe aucune réflexion portée à l'échelle européenne.

Aujourd'hui, il n'est plus tant question de souveraineté que de **résilience alimentaire,** car demain, les sécheresses à répétition pourraient déstabiliser très fortement les chaînes d'approvisionnement. Si, pour l'heure, la politique française manque d'ambition, l'espoir est permis du côté des initiatives citoyennes. En sortie de crise sanitaire, le **Conseil national de la résilience alimentaire (CNRA)** s'est créé en fédérant un grand nombre d'acteurs engagés pour la résilience alimentaire des territoires. Ils partagent tous le même constat : les solutions existent, elles doivent changer d'échelle !

Le CNRA se base sur la définition d'une publication scientifique[53] : « Par résilience alimentaire, nous entendons **la capacité, dans le temps, d'un système alimentaire à procurer à tous une alimentation suffisante, adaptée et accessible, face à des perturbations variées et même imprévues.** »

Le terme « accessible » revêt une importance capitale, car nous ne pourrons opérer ce changement sociétal sans justice sociale. Le budget alimentaire des ménages français reste la principale variable d'ajustement de leur pouvoir d'achat. Ce budget est évalué à environ 20 % des dépenses des ménages, c'est-à-dire deux fois moins qu'il y a 60 ans. Il est dominé par les dépenses de produits carnés (23 %) et de produits laitiers (15 %)[54] qui sont par ailleurs des produits riches en eau virtuelle. Mais l'injonction d'être sobre, sans orienter le consommateur vers des modes de production et de distribution soutenables, sera aussi efficace qu'un coup d'épée dans l'eau. De plus, la récente crise agricole a révélé une profonde incohérence, aussi violente qu'injuste : les paysans engagés dans une alimentation saine et durable ne nourrissent pas tout le monde, seulement les classes supérieures, et ces producteurs ne parviennent même pas à se rémunérer équitablement.

D'où l'idée d'une **Sécurité sociale de l'alimentation,** un dispositif basé sur trois piliers : **l'universalité du processus, un conventionnement des produits accessibles organisé démocratiquement et un financement assis sur une cotisation.** Quel que soit votre revenu, vous pourriez bénéficier de 150 euros par mois, crédités sur une carte qui vous permet d'acheter dans un point de vente choisi collectivement par le biais d'une association ou d'une collectivité : de quoi ai-je besoin et auprès de qui vais-je m'approvisionner sur

« Par résilience alimentaire, nous entendons la capacité, dans le temps, d'un système alimentaire à procurer à tous une alimentation suffisante, adaptée et accessible, face à des perturbations variées et même imprévues. »

notre territoire ? Des réflexions et des expérimentations sont en cours sur les méthodes de participation citoyenne (tirage au sort, vote des décisions, représentation des professionnels...). De même, pour les modalités de cotisation, l'assiette et les sources de financement (cotisations patronales ou salariales) sont toujours à l'étude.

La ville de Montpellier suit l'expérimentation d'une forme de SSA, où chacun cotise dans une caisse selon ses moyens et reçoit en retour une allocation alimentaire. Le collectif **Territoires à vivreS Montpellier** apparaît comme l'un des dispositifs les plus avancés avec 430 expérimentateurs, dont 332 personnes tirées au sort et la structuration de l'ensemble de la filière avec les professionnels et la Métropole.

MODE D'EMPLOI

Je reprends le pouvoir sur mon assiette

1. Je fais le diagnostic alimentaire de mon territoire avec le calculateur CRATer des Greniers d'Abondance[55].

- *Chiffres clés et résumé du diagnostic : ....*

2. Je m'informe sur l'avancement d'un projet alimentaire territorial chez moi sur la plateforme France PAT[56].

- *Existence et avancement d'un PAT chez moi : ....*

3. Si aucune dynamique n'est lancée sur mon territoire, j'interpelle :

- Les élus de mon territoire en partageant les documents de la boîte à outils France PAT ;
- L'association des parents d'élèves et/ou l'établissement scolaire pour la restauration collective.

4. Et si rien ne bouge, je me forme, j'initie ou je participe à l'expérimentation d'une Sécurité sociale de l'alimentation sur mon territoire, en me renseignant auprès du collectif SSA[57].

5. Je vais plus loin en m'engageant dans le CNRA et je me forme aux enjeux de la résilience alimentaire[58].

Mon style

L'empreinte eau de la mode

L'empreinte eau de l'industrie textile est très lourde, car elle absorbe énormément d'eau verte pour faire pousser la matière première (coton, lin, laine...) et d'eau bleue pour irriguer les cultures gourmandes en eau. Elle rejette beaucoup d'eau grise, qui pollue environ 20 % des masses d'eaux mondiales, d'une part du fait de l'épandage des engrais et pesticides pour les cultures exigeantes, mais aussi à cause des métaux lourds et substances chimiques utilisées pour le traitement textile.

D'après un rapport de l'Agence européenne pour l'environnement, l'empreinte eau (eau verte et eau bleue) de tous les vêtements, chaussures et linges de maison achetés par l'Europe en 2020, équivaut à 24 000 millions de mètres cubes, soit l'équivalent de l'empreinte eau annuelle du Portugal. Ainsi, l'**empreinte eau moyenne des achats textiles d'un Européen est de 53 000 l par an,** composée de 44 000 l d'eau verte et 9 000 l d'eau bleue[59]. Mais cette empreinte eau ne tient pas compte de toutes les pollutions générées dans les cours d'eau.

Nous produisons chaque année 25 millions de tonnes de coton, que l'on retrouve dans la plupart de nos vêtements et linges de maison. De sa culture à la teinture, **le coton représente 69 % de l'empreinte eau de toutes les fibres textiles** produites dans le monde. La culture intensive du coton requiert 200 000 tonnes de pesticides, soit 22 % de l'utilisation mondiale[60]. Elle est à l'origine de désastres écologiques et sanitaires, dans des pays qui sont en fort stress hydrique. La disparition irréversible de la mer d'Aral, en Ouzbékistan, en est devenue un symbole.

FOCUS

La survie de la mer d'Aral

Située en Asie centrale, la mer d'Aral fut autrefois la quatrième plus grande étendue d'eau douce du monde. Elle est alimentée par deux fleuves : le fleuve Amo-Daria au sud, qui traverse l'Ouzbékistan, et le Syr-Daria au nord, qui traverse le Kazakhstan. L'Amo-Daria est un puissant fleuve alimenté par la fonte des glaces et des neiges des hautes montagnes de l'Hindou Kouch et du Pamir. Son débit annuel moyen était autrefois équivalent à celui du Rhône en Camargue. Dans les années 1960, on détourne l'Amo-Daria et le Syr-Daria pour la culture intensive du coton, si bien que l'Ouzbékistan en devient l'un des principaux exportateurs au monde. Dans le même temps, la mer d'Aral s'assèche, au point de perdre 90 % de son volume initial en l'espace de 50 ans. Avec moins d'eau douce, les sels se sont concentrés avec les engrais et pesticides qui se sont accumulés. Les populations de poissons endémiques se sont effondrées avec l'économie de pêche, provoquant l'exil de milliers d'habitants. Ceux qui sont restés souffrent encore de cancers, de maladies pulmonaires et d'anémie. À partir des années 2000, le Kazakhstan décide d'agir en construisant, avec l'aide de la Banque mondiale, un système d'endiguement et le barrage de Kokaral, pour contenir l'eau provenant du fleuve Syr-Daria. Ils mettent en œuvre d'autres mesures environnementales et réussissent la réintroduction d'une quinzaine d'espèces de poissons, notamment le sandre, surnommé « poisson d'or » par les pêcheurs locaux. Mais, malgré ces aménagements, la mer d'Aral n'a pas retrouvé son stock initial. Et elle ne le retrouvera certainement pas sans l'aide de l'Ouzbékistan, qui reste le sixième plus gros producteur de coton au monde. Pourtant, le projet de restauration porté par les Kazakhs est plein d'espoirs, car l'eau et les poissons sont revenus en quelques mois, mais tant que la demande en coton reste forte, tirée par la soif de la fast-fashion, l'Ouzbékistan continuera sa production intensive et la mer d'Aral ne fera que survivre.

Vers la slow fashion

Les deux tiers du textile que nous utilisons sont produits à partir de fibres synthétiques issues de la pétrochimie[61]. Ainsi, l'industrie textile consomme **1 million de barils de pétrole par jour**[62] pour fabriquer des tissus en polyester, nylon, acrylique, élasthanne, etc.

En plus d'émettre des gaz à effet de serre, **ces matières synthétiques, qui sont relâchées aux premiers lavages,** s'accumulent dans les hydrosystèmes et les chaînes trophiques. La fast fashion étant basée sur une production de masse, des prix bas et des volumes de vente élevés, elle favorise donc de nombreux premiers lavages qui relarguent **un demi-million de tonnes de microplastiques chaque année.**

Au-delà de la pollution aux microplastiques, l'industrie de la mode contribue au réchauffement planétaire en émettant **2,1 milliards de tonnes de CO_2 par an**[63]**,** soit l'équivalent des émissions annuelles de la France, de l'Allemagne et du Royaume-Uni.

Nous n'avons jamais autant produit et jeté de vêtements. En France, on porte à peine un tiers des vêtements que l'on possède. Après avoir porté un vêtement 7 à 10 fois en moyenne, on finit par s'en lasser, alors on s'en débarrasse. Finalement, **seul 1 % parvient à un circuit de seconde main,** la plupart finissent brûlés ou mis à la décharge dans un pays du Sud. Les sites de revente en pleine expansion comme Vinted poussent à la surconsommation, ce qui implique un fort impact carbone et nécessite de l'eau virtuelle pour le stockage des données numériques, l'emballage et le transport.

La seule voie salutaire reste celle de la **sobriété** : éviter les achats compulsifs en questionnant son besoin avec sincérité et faire le tri dans son armoire. **En achetant moins,** les économies réalisées permettent de **privilégier des marques engagées** qui proposent des fibres de qualité, qui durent plus longtemps, sont moins impactantes, produites et fabriquées aussi localement que possible. On peut se fier à des labels comme GOTS (Global Organic Textile Standard) et des plateformes d'achat en ligne éthiques.

FOCUS

Des filtres à microplastiques dans nos machines à laver ?

Une seule lessive de vêtements synthétiques peut libérer 700 000 fibres microplastiques. Ces microparticules ne sont pas retenues par nos machines à laver, ni traitées par les stations d'épuration et finissent par s'accumuler dans nos rivières et océans. **35 % de la pollution plastique mondiale des océans proviendraient des eaux de nos lessives[64].** En retour, nous absorbons ces microplastiques en mangeant des poissons et des fruits de mer qui les accumulent le long de la chaîne alimentaire.
La loi anti-gaspillage et pour une économie circulaire prévoit que tous les lave-linge neufs seront dotés d'un filtre à microfibres de plastique à compter du 1er janvier 2025. Mais l'efficacité de ces filtres reste encore à démontrer et quand bien même, nos milliers de machines qui n'en sont pas équipées vont continuer à tourner.
D'autres pistes sont envisagées, comme un lavage industriel en amont de la commercialisation, avec un système de filtres performants. Sinon, pour les consommateurs, sont proposés des sacs de lavage conçus de manière à retenir ces microparticules et des écogestes comme le lavage à 30-40 °C, en cycle court et essorage limité[65].

MON ACTION

La sobriété stylée

→ Je fais durer mes vêtements en les gardant plus longtemps, en les réparant si besoin.

→ Quand je m'en lasse, je fais du tri, je donne aux associations locales, je fais du troc ou je revends.

→ Si j'ai la fibre créative, je pratique l'upcycling : je crée de nouveaux vêtements, des sacs ou autres accessoires, à partir de mes vieux vêtements.

→ Si possible, je fais de bonnes affaires en chinant dans les friperies, vide-dressings du quartier, ou chez Emmaüs.

→ Si j'achète du neuf, je choisis des marques écoresponsables via des plateformes éthiques et engagées comme WeDressFair, Dream Act, Dressing responsable et autres.

→ Si j'achète en coton, je l'achète bio, avec des labels écocertifiés comme GOTS, Fairtrade / Max Havelaar ou Organic Content Standard (OCS).

→ J'encourage le développement des filières de demain en choisissant des fibres recyclées comme la marque de jean 1083, le lin ou le chanvre Made in France, la laine issue d'élevages en bio comme BonnesGueules ou Laines Paysannes.

→ Pour aller plus loin, je lis Fashion66 et je m'informe sur SloWeAre, un média français indépendant qui traite bien le sujet.

→ Si j'aime la mode, je m'engage avec le collectif Fashion Revolution ou le mouvement slow fashion.

Mon numérique

Le numérique : ça va pomper !

L'empreinte eau du numérique se décompose en eau virtuelle pour la production d'énergie électrique (principalement d'origine nucléaire en France) et pour le stockage des données, *via* les *data centers*. Il y a donc les volumes d'eau bleue consommée pour refroidir les centrales nucléaires et les *data centers* d'une part, et les volumes d'eau grise afférents, rejetés par les circuits ouverts, d'autre part.

Pour **refroidir les *data centers*,** soit on utilise l'air climatisé, soit les circuits d'eau (ouverts ou fermés), mais pour une meilleure efficacité énergétique, on se tourne de plus en plus vers l'eau. En clair, **on préfère consommer plus d'eau et moins d'électricité.**

En 2022, les volumes prélevés pour refroidir les 250 *data centers* recensés en métropole, s'élèvent à 482 000 mètres cubes[67], soit l'équivalent de 120 piscines olympiques. Plus d'un tiers des *data centers* se concentre en Île-de-France et des nouveaux sont en construction, induisant une pression croissante sur les eaux du Bassin parisien. Pour construire 30 nouveaux *data centers* entre 2021 et 2022, la demande en eau a augmenté de 20 % par rapport à 2021. **Le marché des *data centers* est en pleine expansion, tout comme son empreinte eau.**

Leur rythme de construction est projeté à +11 % par an pour les dix prochaines années, d'après le réseau professionnel France Datacenter. En suivant ces projections et sans aucune mesure de sobriété, **la demande en eau totale pour refroidir tous les *data centers* est évaluée à environ trois millions de mètres cubes en 2032,** soit l'équivalent des besoins en eau potable d'une ville comme Dijon (155 000 habitants) sur une année.

Le média écologique indépendant en ligne Reporterre a enquêté sur l'impact d'un projet de *data center* en région parisienne porté par CyrusOne, qui opère pour le compte d'Amazon. Les élus locaux dénoncent un projet opaque pour

« Le marché des *data centers* est en pleine expansion, tout comme son empreinte eau. »

lequel les volumes d'eau ont été à peine estimés…

Jusqu'à présent, on se préoccupait peu de **l'empreinte eau du numérique.** Mais, avec les besoins croissants d'un côté, les sécheresses et restrictions d'usage plus fréquentes de l'autre, on commence à suivre cet indicateur.

Ce marché des *data centers* est à relier avec l'explosion du recours à l'**intelligence artificielle** dans diverses applications numériques. Des chercheurs californiens ont montré l'importance de quantifier l'empreinte eau du numérique tandis que les tensions sur le partage de l'eau s'accroissent[68].

En outre, le numérique représente 2,5 % de l'empreinte carbone française[69] et induit une forte pression sur les ressources en métaux et terres rares.

Il est prévu d'informer et de sensibiliser les utilisateurs, mais est-ce vraiment suffisant ? Ne faudrait-il pas mettre en place des mesures structurantes pour réguler les flux de données numériques ?

S'il a totalement changé nos vies et nos modes de consommation, très souvent pour le mieux et parfois pour le pire (harcèlements, cyberattaques, arnaques, fake news…), il y a lieu d'**interroger notre rapport et notre dépendance au numérique.** Au-delà des impacts environnementaux, notre attention, nos liens sociaux, notre rapport au réel ne semblent-ils pas nous échapper ? Là encore, on peut faire preuve de **frugalité,** en sachant tirer le meilleur parti du numérique.

MON ACTION

Je réduis mon empreinte eau numérique pour gagner en bien-être

→ Je passe mon smartphone et ma navigation Web en mode sombre, c'est aussi bon pour reposer mes yeux et améliorer la qualité de mon sommeil.

→ J'éteins ma box quand je m'absente ou la nuit, cela permet de faire des économies sur ma facture d'électricité !

→ Je limite les vidéos en streaming et je réduis la qualité au minimum.

→ En visioconférence, je limite l'usage de ma webcam, seule occasion de faire des réunions en pyjama !

→ Je privilégie les plateformes d'envoi de fichiers comme Filevert, plutôt que les pièces jointes envoyées par e-mail.

→ Je réfléchis avant d'envoyer une vidéo ou une photo : pensez-vous sincèrement que le/la destinataire va regarder vos 50 photos de vacances ou vos 50 clichés de votre chat ?

→ Je désactive l'enregistrement automatique des médias sur WhatsApp.

→ Je trie et je vide régulièrement les fichiers lourds dont je n'ai plus besoin.

Mes objets électroniques

Nos objets électroniques sont très gourmands

L'empreinte eau des objets électroniques se décompose en eau bleue et en eau grise. L'eau bleue est consommée pour extraire les métaux et terres rares contenus dans nos objets, mais aussi pour la fabrication des composés et puces électroniques. Les eaux grises sont liées aux pollutions générées par les activités minières qui durent plusieurs dizaines, voire plusieurs centaines d'années. On estime par exemple que l'empreinte eau d'un smartphone est de 12 000 litres d'eau et que celle d'un ordinateur est de 35 000 litres.

Avec le numérique, les objets électroniques sont omniprésents dans nos vies. Au-delà du smartphone et de l'ordinateur, les particuliers utilisent au quotidien de plus en plus d'objets connectés (montres, enceintes, électroménager...) et les professionnels ont de plus en plus recours à la robotique et à l'intelligence artificielle.

Il n'existe aucune étude qui intègre l'empreinte eau de ces nouveaux objets, mais on sait que **la demande en eau virtuelle va surtout exploser avec l'électrification massive du parc automobile.** Pour répondre au moins en partie à cette demande croissante, tout en étant moins dépendante de l'Asie, la France s'est lancée dans une stratégie de souveraineté minière. Cela signifie que nous assumons les conséquences de cette demande : consommation de nos propres ressources et pollutions à long terme.

FOCUS

« De l'eau, pas des puces », la colère gronde en Isère

La multinationale franco-italienne STMicroelectronics fabrique des puces électroniques depuis plus de 50 ans dans une usine à Crolles, près de Grenoble. Pour répondre à une demande plus grande et variée en puces électroniques (voitures électriques, avions, objets électroniques et infrastructures 5G/6G...), STM et GlobalFoundries ont annoncé le projet de doubler leur capacité de production d'ici 2035. L'usine est spécialisée dans la fabrication des « wafers », des semi-conducteurs qui doivent être rincés à l'eau ultrapure, provenant du réseau d'eau potable de la métropole de Grenoble. Malgré l'objectif annoncé par STM de recycler jusqu'à 60 % de l'eau utilisée, les besoins restent élevés : **7 millions de mètres cubes par an.** Et comme le recyclage augmente la concentration des charges polluantes comme l'azote, le phosphore et le cuivre, il faut s'assurer que l'Isère ait la capacité de diluer ces polluants pour éviter l'eutrophisation. Or, avec le changement climatique, **l'Isère pourrait perdre 40 % de son débit** d'ici 2050, et c'est sans compter sur la demande en eau croissante des autres habitants de la métropole, donc rien n'est moins sûr. Avec toutes ces incertitudes, le collectif citoyens **Stop Micro** mène la contestation locale et les élus locaux restent vigilants bien qu'ils aient approuvé le projet.

MON ACTION

Je fais durer et je mutualise les objets électroniques

→ J'interroge mon besoin avant d'acheter : je me demande si je peux mutualiser en empruntant ou en louant.

→ Si je dois acheter, j'achète en reconditionné ou de seconde main, c'est bien moins cher que du neuf.

→ Sinon je choisis un modèle réparable et recyclable.

→ Je découvre les repair cafés, de joyeux endroits associatifs destinés à vous aider à réparer du petit comme du gros matériel.

→ Lorsqu'ils ne sont pas réparables, je les apporte dans un point de recyclage.

→ Je prête et j'emprunte du matériel mis en commun avec mes voisins, je peux créer un groupe sur un réseau social ou une information dans les espaces communs pour lister le matériel que je peux prêter (bricolage, jardinage, loisirs, etc.), cela permet de créer un lien de confiance et d'échanger des coups de main !

En France, la fée Électricité perturbe les cours d'eau

L'électricité française est l'une des plus décarbonées d'Europe. Nous comptons pour cela sur notre parc nucléaire, d'une capacité installée de près de 61,4 GW, le deuxième plus important au monde derrière les États-Unis. En 2020, la production électrique d'origine nucléaire pèse pour **40 % du mix énergétique français**[70], qui constitue la répartition des sources d'énergie primaire consommée.

Les **énergies renouvelables** représentent quant à elles **13 % du mix énergétique français,** et proviennent essentiellement de la combustion de biomasse (4,4 %) et de **l'hydroélectricité (2,4 %)**[71]**.** Le reste provient des agrocarburants, pompes à chaleur, de l'éolien, du photovoltaïque et d'autres sources.

La production d'énergie électrique a donc une empreinte eau composée d'eau verte pour la production de biomasse et des agrocarburants, d'eau bleue pour refroidir les centrales nucléaires et faire tourner les turbines des centrales hydroélectriques et d'eau grise correspondant aux rejets d'eau plus chaude et radioactive des centrales nucléaires. **Il n'existe aucune étude récente sur l'empreinte eau énergétique de la France, il serait bon de s'en soucier !**

Si elle venait à exister, cette empreinte eau multicritère devrait tenir compte des nombreux impacts sur les cours d'eau et les milieux aquatiques : modification des débits (prises d'eau et vidanges), biodiversité aquatique, transport sédimentaire, réchauffement des eaux, baisse de la teneur en oxygène, etc.

D'une manière générale, **les mérites du nucléaire et de l'hydroélectricité vis-à-vis d'un moindre impact carbone ont eu tendance à minimiser, voire à occulter les impacts sur la ressource en eau et la biodiversité aquatique.**

Du côté de l'hydroélectrique, il est bon de rappeler que **100 000 seuils**

autour du Rhône, les ambitions nucléaires de la France peuvent suffire à tendre les relations avec nos voisins helvétiques. Ainsi, la dernière visite du président français en novembre 2023 fut l'occasion de leur demander de lâcher un peu plus d'eau pour soutenir les débits du Rhône en été et satisfaire nos besoins énergétiques. Les négociations sont toujours en cours tandis que s'élèvent les premières contestations citoyennes côté suisse.

Du côté de l'hydroélectricité, on retrouve sur les affluents alpins du Rhône les plus grandes installations du pays, comme le barrage de Serre-Ponçon sur la Durance, d'où part le grand système hydraulique Durance-Verdon. Sur l'axe rhodanien, les 19 centrales hydroélectriques construites le long du Rhône, son endiguement et son calibrage pour augmenter le trafic fluvial ont complètement artificialisé son lit et ses berges.

Tandis que l'on dépense des millions d'euros dans sa restauration écologique, pour tenter de réparer les dégâts du passé, la Compagnie nationale du Rhône (CNR) et l'État français projettent la construction d'un vingtième barrage baptisé Rhônergia, en lieu et place d'un des derniers espaces de liberté du Rhône, entre l'Isère et l'Ain. Un reprofilage sur 26 kilomètres linéaires et une retenue d'environ 20 millions de mètres cubes visent à créer un barrage avec une chute de six mètres, de quoi produire 140 GWh/an d'énergie décarbonée, l'équivalent des besoins électriques de 60 000 habitants. Outre la destruction d'une riche biodiversité, le curage et la remise en suspension des tonnes de sédiments pollués aux PCB et autres substances chimiques font craindre une pollution importante pour l'eau potable d'un peu plus d'un million d'habitants situés en aval. La vive contestation citoyenne menée par le collectif Stop au barrage Rhônergia, l'opposition d'élus de tous bords politiques qui plaident pour optimiser d'abord les infrastructures existantes et le scepticisme de l'agence de l'eau Rhône-Méditerranée-Corse suffiront-ils à faire renoncer l'État ? Si le gouvernement s'obstine, une nouvelle zone à défendre (ZAD) pourrait voir le jour...

La sobriété ne peut être que globale

Réduire nos prélèvements d'eau est un impératif, notamment l'été quand la ressource diminue. Mais nos besoins en électricité s'accumulent avec une demande en **eau virtuelle** toujours plus importante et une pression accrue sur les **milieux aquatiques.**

S'il n'existe aucune règle d'allocation ni d'échelle de priorité sur les usages électriques, il en existe pourtant bien sur les usages de l'eau. En cas de « crise sécheresse », le préfet impose de réduire, voire d'arrêter certains usages, *via* les **arrêtés de restrictions.** Sur certains bassins versants en très forte tension, les acteurs locaux et les usagers de l'eau se sont mis d'accord pour définir des **volumes prélevables** à ne pas dépasser afin de respecter les besoins minimums des milieux aquatiques. Mais cette organisation territoriale se heurte parfois à des injections nationales contradictoires, comme sur la Garonne, avec ses nombreux barrages hydroélectriques : il faut produire plus d'énergie, plus de biens et d'alimentation, avec moins d'eau, quoi qu'il en coûte.

« Le défi est donc de répondre à ces nouveaux besoins à partir d'une énergie décarbonée, pour réduire nos émissions de gaz à effet de serre, tout en évitant d'assécher et d'atrophier nos rivières. »

Nos besoins électriques sont croissants, notamment l'été pour la **climatisation** des logements et des bâtiments, mais aussi le **traitement et l'acheminement de l'eau** potable dans les secteurs qui en manquent, et l'**assainissement** plus poussé, notamment dans les secteurs touristiques. À ces pics de demande vont se cumuler les nouveaux usages du **numérique,** les **nouvelles industries** et les **véhicules électriques** supposés remplacer la flotte thermique à moyen terme. Pour les seuls besoins des voitures électriques, on estime que **si toutes les voitures françaises sont électriques, le surplus de consommation sera de 100 TWh, soit l'équivalent de 20 % de nos consommations actuelles[73]. Le défi est donc de répondre à ces nouveaux besoins à partir d'une énergie décarbonée, pour réduire nos émissions de gaz à effet de serre, tout en évitant d'assécher et d'atrophier nos rivières.**

FOCUS

Crise énergétique en 2022 : artefact ou répétition générale ?

On se souvient de la crise énergétique survenue en 2022, avec plus de la moitié du parc nucléaire mis à l'arrêt en août 2022[74] pour réaliser les visites décennales et des travaux visant à réparer des fissures inattendues. L'autre moitié fut contrainte par une sécheresse historique et des vagues de chaleur provoquant une baisse drastique des débits et la surchauffe des cours d'eau.

Les barrages hydroélectriques, faute de précipitations, ne s'étaient pas remplis au printemps et l'évaporation massive, amplifiée par les vagues de chaleur successives, avait fait chuter la production hydroélectrique. La production électrique française s'est retrouvée déficitaire entre juillet et septembre, donc en plein cœur de l'été ! À tel point qu'il a fallu allumer nos centrales à gaz et à charbon, que l'on garde habituellement en cas d'hiver vigoureux. La France a même dû acheter de l'électricité à l'étranger pour subvenir à ses besoins, une situation qui ne s'était pas produite depuis 1980[75] ! Contrairement au titre de ce rapport source, notre système électrique est donc loin d'être résilient face aux sécheresses, qui vont s'intensifier avec le changement climatique.

MON ACTION

J'opte pour la sobriété et les énergies renouvelables

→ Je réduis et je suis ma consommation électrique, via mon fournisseur d'énergie.

→ Je réalise un Diagnostic de performance énergétique (DPE) pour connaître l'étiquette de mon logement et les principales sources de gaspillage d'énergie, ainsi qu'un audit énergétique pour avoir plusieurs scénarios de travaux d'isolation et/ou de changement de système de chauffage.

→ Je suis le parcours d'accompagnement sur France Rénov : https://france-renov.gouv.fr/

→ J'isole mon logement ou ma copropriété en bénéficiant de nombreuses aides à la rénovation proposées par :

- l'État : MaPrimeRénov', éco-prêt à taux 0, TVA réduite pour les travaux, réduction d'impôt sur le revenu ;
- les collectivités locales : exonération de la taxe foncière, et autres à découvrir sur la plateforme de l'Agence nationale pour l'information sur le logement (Anil).

→ Je remplace ma vieille chaudière à fioul par une pompe à chaleur, des panneaux solaires, un poêle à bois ou autre grâce au dispositif MaPrimeRénov' et le dispositif des certificats d'économies d'énergie (CEE) de mon fournisseur d'énergie.

→ Je choisis une source d'énergie renouvelable avec des fournisseurs engagés comme Enercoop, Ekwateur et Octopus Energy, ou encore un syndicat local garantissant une source d'énergie renouvelable.

Mon hypermobilité

Décarboner nos transports, sans oublier l'eau

Pour respecter l'accord de Paris et limiter le réchauffement planétaire à +2 °C d'ici 2100, nous devons réduire, d'ici 2050[76], notre empreinte carbone individuelle, de 9,9 tonnes de CO_2 par personne et par an à 2 tonnes par an.

Un des principaux leviers pour réduire notre empreinte carbone est le transport. Il représente **un tiers de l'empreinte carbone d'un Français, dont la moitié provient de ses déplacements en voiture.** Mais les Français adorent la bagnole : **70 % des trajets de 2 à 5 km se font en voiture et 9 Français sur 10 conduisent seuls dans leur habitacle quand ils vont au travail ou en reviennent[77].** Outre les trajets domicile/travail, la voiture sert à amener les enfants à l'école, faire nos courses, nous rendre à nos activités sportives, à nos sorties culturelles, à partir en vacances, etc. Nous nous sommes rendus complètement dépendants et pourtant, nous allons devoir apprendre à nous en passer car **dans un futur à deux tonnes de CO_2, les trajets effectués seul en voiture devront être l'exception, pas la norme !**

S'il est évident que **nous devrons passer de la voiture thermique à l'électrique** en raison des moindres émissions de gaz à effet de serre (2 à 5 fois moins sur l'ensemble de son cycle de vie), il est trompeur d'affirmer que la voiture électrique est « propre » ou a « zéro impact » sur l'environnement. Si la construction nécessite de nombreuses ressources disséminées dans la croûte terrestre comme le cuivre, le lithium, le cobalt, le nickel, etc. Pour les extraire, les enrichir et les transformer avant d'être assemblées, les composés électroniques cumulent une **empreinte eau très lourde.**

MODE D'EMPLOI

Je réduis mon empreinte carbone

1. **Je prends 10 minutes pour calculer mon empreinte carbone sur le calculateur en ligne *Nos Gestes Climat* et repérer les secteurs où je peux agir (alimentation, transport, achats, énergie...)[78].**

2. **Je vais plus loin en participant à des ateliers collaboratifs et/ou j'en organise un avec mon employeur :**
   - **Fresque du climat** pour comprendre les causes et conséquences du changement climatique[79];
   - **Atelier 2tonnes** pour identifier les leviers d'actions individuelles et collectives[80];
   - **Fresque de la renaissance** pour créer un futur possible et désirable face aux enjeux écologiques[81].

FOCUS

Construire nos batteries électriques en France : et l'eau dans tout ça ?

L'objectif annoncé par le chef de l'État : deux millions de véhicules électriques construits en France en 2027. Mais l'ensemble de la filière des batteries électriques au lithium-ion *made in France* va se heurter à une limite physique : l'eau douce disponible.

Cette filière se structure entre le projet de mine de lithium dans l'Allier et au moins quatre gigantesques usines de fabrication de batteries électriques (appelées « gigafactories ») prévues dans le Nord.

Dans l'Allier, sur le site de Beauvoir de la commune d'Échassières, la société Imerys prévoit d'exploiter le plus gros gisement de lithium identifié sur le territoire français. Une exploitation prévue pour une durée de 25 ans à compter

de 2028 ; il est prévu de produire l'équivalent de 700 000 batteries de voitures électriques chaque année.
Sur l'ensemble du processus, de l'extraction à la transformation, les besoins en eau sont estimés à 1,2 million de m^3 par an soit l'équivalent des besoins annuels d'une ville comme Biarritz (25 700 habitants). Avec ce projet, l'empreinte eau quantitative d'une batterie serait de 1,7 m^3, c'est 10 à 20 fois moins que le procédé actuellement opéré dans les salars des hauts plateaux andins[82]. L'eau serait recyclée au maximum, puis dépolluée dans une station d'épuration. Malgré ces efforts d'efficacité, il reste un double enjeu, quantitatif et qualitatif : pomper plus d'eau sans aggraver les conflits d'usage et l'état des milieux aquatiques, déjà sous tension. Vient aussi l'épineuse question de l'après-mine : pendant plusieurs décennies après l'exploitation, l'eau de pluie va percoler à travers les déchets miniers, se charger en acidité et en métaux toxiques risquant de contaminer les ressources des générations futures. Sur place, certains élus locaux s'y opposent fermement, la mobilisation citoyenne s'organise déjà. Ce projet de mine questionne en fait toute la chaîne de production de voitures électriques et l'ensemble de la politique énergétique déployée par l'État.
Dans le Pas-de-Calais, la première gigafactory a été inaugurée en 2023 à Billy-Berclau-Douvrin. Pour produire des modules qui serviront à équiper 200 000 à 300 000 véhicules électriques par an[83], la gigafactory, d'une capacité totale de 40 GWh, a besoin de 250 000 m^3 d'eau par an, soit une empreinte eau d'environ 1 m^3 par module, qui se cumule aux 1,7 m^3 de lithium extrait et raffiné. Trois autres gigafactories sont toujours en projet autour de Douai, de Valenciennes et de Dunkerque. Elles sont prises entre le marteau de la loi ZAN (« zéro artificialisation nette ») qui limite les surfaces à artificialiser et l'enclume de la loi sur l'eau. Les besoins en eau des gigafactories et leurs impacts demeurent mal connus. Pourtant, les sécheresses estivales plus récurrentes et intenses qui affectent l'Hexagone, y compris le Nord, devraient alerter les pouvoirs publics sur les risques de pénurie d'eau engendrés par le développement de telles structures.

La fausse promesse des SUV électriques

Le marché des SUV électriques est en pleine expansion. Les constructeurs automobiles en ont fait leur réponse écologique. **En réalité, les SUV électriques émettent deux fois plus de gaz à effet de serre que les petites citadines électriques sur l'ensemble de leur cycle de vie !** Ce sont surtout de véritables gouffres en métaux critiques, dont certains pourraient connaître des ruptures d'approvisionnement d'ici 2030 si rien n'est fait pour réguler le marché. D'après une récente étude[84], un SUV électrique doté d'une batterie de 100 kWh, de type Tesla Model X, Audi Q8 e-tron ou Peugeot e-3008 consomme **trois fois plus de cuivre et d'aluminium et cinq fois plus de lithium, nickel et cobalt** qu'une petite citadine électrique d'une batterie de 20 kWh, de type Renault Twingo ZE. Si **l'empreinte eau d'une voiture électrique est déjà élevée, celle d'un SUV est colossale.**

L'étude de WWF et du cabinet EY a montré que « **la réduction du gabarit des voitures électriques permettra d'obtenir, d'ici 2035, la plus forte baisse des besoins en métaux critiques** : dé-SUViser le marché électrique permettra de réduire la demande de 17 % en 2035 par rapport à un scénario de laisser-aller ».

« La réduction du gabarit des voitures électriques permettra d'obtenir, d'ici 2035, la plus forte baisse des besoins en métaux critiques. »

Si, de plus, les pouvoirs publics multiplient les transports en commun et développent les mobilités actives comme la marche ou le vélo, alors on pourrait **diminuer d'au moins 35 % nos besoins en cuivre, lithium, nickel et cobalt.**

Bien sûr, l'amélioration de la composition chimique des batteries électriques, le recyclage des métaux critiques comme le nickel, le lithium et le cobalt permettront de limiter davantage leur extraction.

Ainsi, ce triptyque **sobriété-efficacité-recyclage** diminuerait considérablement toutes nos empreintes environnementales et produirait suffisamment de batteries et de moteurs électriques pour réussir la transition du parc automobile français d'ici 2035.

FOCUS

L'empreinte eau d'une voiture, d'un SUV ou d'un vélo électrique

En considérant les quantités de métaux critiques et leur empreinte eau respectives, pour la fabrication du moteur, de la batterie et la carrosserie, on peut estimer (à titre indicatif) une empreinte eau volumique[85] de :

- **3 675 l pour un vélo à assistance électrique ;**
- **183 700 l pour un véhicule électrique doté d'une batterie de 50 kWh[86] ;**
- **918 700 l pour un SUV électrique doté d'une batterie de 100 kWh[87].**

Ralentir nos vies, les dépenses en eau et l'emballement climatique

Le défi est immense, mais l'enjeu est de taille : garantir des conditions habitables pour nous et pour les générations futures. En poursuivant les politiques actuelles, le réchauffement planétaire suit une trajectoire à +3 °C, soit **un réchauffement en France métropolitaine de +4 °C** par rapport à la période 1850-1900. Cela signifie que **le climat de Paris en 2100 sera celui de Montpellier actuellement, Brest connaîtra celui de Vigo en Espagne et Lyon, celui de Rome.** Ainsi, les Français nés aujourd'hui vivront probablement, à l'âge de 70 ans, **des étés « normaux » avec un à deux mois de vagues de chaleur, 40 à 50 nuits tropicales** (nuits où les températures sont supérieures à 20 °C) **par an dans les zones urbaines de la moitié nord et 90 nuits tropicales par an dans le sud de la France[88].**

Désimperméabiliser et végétaliser les villes est un des leviers les plus efficaces pour anticiper ce changement car cela permet l'infiltration des eaux pluviales, la limitation des ruissellements et donc des inondations, mais aussi de créer des îlots de fraîcheur naturels, des refuges pour la biodiversité, d'absorber du carbone atmosphérique, d'améliorer le bien-être et le cadre de vie des habitants. À l'inverse, la construction de nouvelles routes, autoroutes et parkings consomme de précieux espaces naturels et agricoles, contribue à accélérer les ruissellements et rend les territoires plus vulnérables aux sécheresses, canicules et inondations.

Réaménager des cours d'eau à ciel ouvert, permet de redécouvrir un patrimoine hydraulique oublié. En reméandrant et en végétalisant les berges, on ralentit l'eau et on abaisse sa thermie en été. On peut recréer, le long de la rivière découverte, des voies pour la mobilité active, des aires sportives et des espaces pédagogiques autour de la rivière. En clair, il s'agit de recréer des trames vertes et bleues en ville, pour ralentir notre hypermobilité tout en ralentissant l'eau. Pour cela, il faut de la place, donc rogner sur les infrastructures dédiées à la voiture : piétonniser des rues, créer des rues à sens unique, excentrer les parkings et créer des parkings relais avec des transports en commun à haut niveau de service, développer les voies cyclables, l'autopartage basé sur la location d'un parc de véhicules et le covoiturage basé sur la mutualisation d'un véhicule sur un trajet, etc.

« L'aménagement du territoire est la clé pour réussir la transition énergétique. »

Dès lors, on comprend que **l'aménagement du territoire est la clé** pour réussir la transition énergétique, pour ralentir nos vies et, dans le fond, pour vivre en meilleure santé en étant moins vulnérable aux extrêmes climatiques. Mais **tout ceci dépend d'une forte volonté politique** et donc de notre vote. Et si cela ne suffit pas, alors il faut s'engager.

MON ACTION

Je ralentis et je voyage autrement

→ Je vais au boulot… ou pas ! Je télétravaille si mon métier me le permet et je me libère du temps pour autre chose : jardinage, famille ou amis, temps associatif, temps pour prendre soin de soi, faire du sport, etc.

→ Sinon, j'y vais en me défoulant à vélo, en marchant, ou bien je me repose, je lis ou je geeke dans les transports en commun.

→ Si c'est compliqué, je covoiture ou encore mieux, je partage une petite voiture électrique avec d'autres, avec *Citiz* par exemple.

→ Pour les week-ends ou les vacances :

- je saute dans le train, de jour comme de nuit, avec *Mollow* ;
- je deviens adepte des micro-aventures, à pied ou à vélo, avec les guides et podcast *Les Others.*

→ Je séjourne dans des logements insolites et écoresponsables avec *GreenGo* et je programme mon voyage avec leur comparateur de transport.

→ Je deviens accro au vélo :

- Solo : vélo classique ou à assistance électrique (limité à 25 km/h), vélo pliant pour prendre les transports en commun, speedelecs (jusqu'à 45 km/h) ;
- À deux ou plus : tandem, vélo-cargo, vélomobile, vélos-taxis ou autres.

→ J'apprends à l'entretenir et à le repérer avec une association locale du vélo.

→ Je programme mon prochain voyage à vélo sur le site Internet de l'AF3V.

→ Je m'oppose aux nouvelles infrastructures routières et aéroportuaires et je propose des alternatives :

— L'A69 Toulouse-Castres, avec le collectif *Une Autre Voie* ;

— L'A133/134 pour le contournement est de Rouen, avec le collectif *Non A133-A134* ;

— L'A154 Dreux-Orléans, avec le collectif *Non A154*.

→ Je vais plus loin en lisant *Voitures*[39].

NIVEAU 3

Dans ma vie,

je m'engage à fond pour l'eau !

Mes connaissances

Nous n'avons pas les bases

D'après une étude du Cned[90], près de 6 Français sur 10 jugent que leur niveau de connaissance sur les questions écologiques n'est pas à la hauteur des enjeux et qu'il est parfois compliqué de les comprendre.

De manière quasi unanime, les sondés cherchent à connaître les solutions, plutôt que de se focaliser sur les problèmes, à partir de sources fiables, claires et cohérentes. Mais pour choisir les bonnes solutions, il faut avoir bien cerné le problème. Et l'écrasante majorité s'accorde à dire que **les connaissances sont un levier indispensable pour donner envie d'agir,** pour faire les bons choix et les bons gestes. Plus de 82 % des sondés souhaiteraient **être formés sur les enjeux écologiques :** comprendre les causes et conséquences du dérèglement climatique, la biodiversité, comment la situation va évoluer et comment agir à titre individuel et collectif.

Nul besoin d'être un expert scientifique pour passer à l'action. Chacun peut suivre des formations, lire les résumés des rapports scientifiques, croiser plusieurs sources d'information, pour construire sa propre culture écologique.

Mais il est difficile de se frayer un chemin dans un océan d'information et de désinformation. L'**infobésité** anéantit souvent notre sens critique. Nous sommes abrutis par une actualité anxiogène et bien souvent pleine de contradictions.

Au mieux nous sommes révoltés, au pire nous ne ressentons plus rien, convaincus qu'il n'y a rien à faire, que « de toute façon, c'est foutu ! Et quand bien même, ce n'est pas à moi de changer ! ». **Il faut sortir du triangle de l'inaction,** celui-là même qui verrouille l'action collective et la transformation globale de notre société.

Le premier pas vers la sortie est celui de la connaissance, et c'est exactement ce que vous faites en lisant ce livre ! Ce manuel est comme un carrefour où des portes sont entrouvertes. Charge à vous de choisir d'aller plus loin en approfondissant certains sujets.

La **collection « Fake or Not ?»** des éditions Tana est très qualitative, simple à comprendre, avec un travail de recherche et de vulgarisation poussé sur des sujets complexes comme la décroissance, l'énergie, l'alimentation, l'adaptation au changement climatique.

« Il faut sortir du triangle de l'inaction. »

La **plateforme de cours en ligne Sator** est aussi très riche pour comprendre tous ces enjeux systémiques avec des experts reconnus dans leur domaine. Ainsi, vous deviendrez incollable sur la stratégie, l'énergie, les limites planétaires, la systémique (qui est l'étude des systèmes complexes), la sociologie de la transition, le système financier et la nouvelle comptabilité, mais aussi le génie végétal et animal, le règne fongique, la biodiversité et l'eau, bien sûr !

Finalement, **la connaissance est à l'image d'une rivière.** Elle doit être alimentée en permanence, pouvoir circuler librement, être limpide, riche, prendre des formes diverses, reposer sur un substrat solide, irriguer des territoires variés dans un esprit de commun à protéger et à partager. Ni le temps, ni l'argent ne doivent être un obstacle à son écoulement, tout le monde peut y avoir accès.

Sortir de l'ignorance en brisant les triangles vicieux

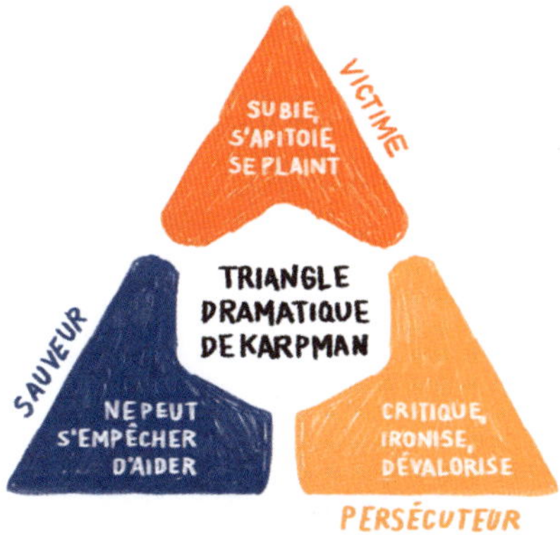

Le triangle de l'inaction formalisé par **Pierre Peyretou**[91] décrit les réactions et les mécanismes qui s'opèrent à l'échelle individuelle et collective et qui entravent le passage à l'action. Ce triangle met en scène trois grands groupes d'« inacteurs » : **les citoyens, les entreprises et l'État.** Chacun pointant la responsabilité des deux autres pour justifier son inaction.

Par exemple, il est courant d'entendre de la part d'un citoyen : « En tant qu'individu, je n'ai que peu de pouvoir face à des grands groupes (en pointant les entreprises), sans parler des Américains et des Chinois, qui polluent beaucoup plus. Même les élus et les politiques agissent peu, souvent ils sont sous la pression des lobbys, ils ne défendent plus l'intérêt général (en pointant les pouvoirs publics). » Cette phrase occulte pourtant leur immense pouvoir matérialisé dans deux cartes : leur carte bancaire et leur carte d'électeur.

Cette inaction conduit à d'inévitables situations de conflit qui peuvent éclater en des crises dans les sphères personnelles, professionnelles et sociétales. Ainsi, **le triangle de l'inaction se marie assez bien avec celui du conflit** créé par le psychologue Stephen Karpman. **Le triangle de Karpman** propose un modèle social et psychologique qui décrit les interactions entre individus dans une situation de conflit ou de stress. Cette fois, le triangle met en scène trois archétypes : la **Victime, le Sauveur et le Persécuteur.** L'un ayant besoin de l'autre pour exister, les gens entrent dans une situation conflictuelle en endossant l'un des rôles de manière inconsciente, parfois changent de rôle, ce qui permet de maintenir, voire d'intensifier les conflits.

CLIMAT : DÉPASSER LE TRIANGLE DE L'INACTION

ATTRIBUER LA RESPONSABILITÉ AUX AUTRES NE PERMET PAS L'ACTION

Il est intéressant d'appliquer ce modèle au sujet de la transition écologique et de s'interroger soi-même : est-ce que je nourris un schéma qui empêche le passage à l'action et quel rôle ai-je choisi d'endosser ? Dans la situation précédente, on peut se dire que le Citoyen se met en posture de **Victime,** que les Entreprises, les Chinois et les Américains sont le **Persécuteur** qui pollue et qu'il revient à l'État et aux politiques d'être le **Sauveur** de cette catastrophe écologique. Puis, **tour à tour, les rôles changent... Mais rien ne bouge.**

Dans tous les cas, **sortir de ces triangles relève bien d'une responsabilité individuelle pour avoir ensuite la capacité d'agir collectivement.** Il s'agit d'en prendre conscience, d'apprendre **à pratiquer une communication assertive,** c'est-à-dire basée sur des faits et d'établir des limites saines pour vous. **Cultiver l'empathie** et travailler sa **capacité d'écoute** permet d'éviter de tomber dans le piège de la stigmatisation. Chacun doit faire l'effort d'ôter ses lunettes manichéennes, qui empêchent l'opportunité d'un dialogue fécond et des actions collectives pourtant ultra-puissantes.

MON ACTION

J'interroge mon inaction

avec humour avec Sorry Children et leur campagne photographique #LaPireExcuse, qui invite à agir plutôt qu'à s'excuser.

Je prends le temps d'apprendre, en continu.

→ Je lis la collection « Fake or Not ? » des éditions Tana.

→ Je me forme avec les cours de la plateforme Sator[92].

→ J'écoute des podcasts qui décryptent les enjeux humains et écologiques comme The Big Shift, Sismique, Chaleur humaine, Greenletter Club, Demain et Durable, Vlan!, De causes à effets… et ceux qui poussent vers de nouveaux imaginaires comme Dessine-moi un futur désirable !

→ Je m'informe auprès de médias indépendants : LIMIT, Circular Metabolism, Blast, Médiapart…

→ Je regarde des films et documentaires inspirants, j'organise une projection dans ma commune, mon école, mon travail pour ouvrir la voie vers de nouveaux imaginaires qui aident à passer à l'action : Demain et Animal de Cyril Dion, Bigger Than Us de Flore Vasseur, Une fois que tu sais d'Emmanuel Cappellin, La Rivière de Dominique Marchais, Paysans du Ciel à la Terre de Hervé Payen, En quête de sens de Marc de La Ménardière et Nathanaël Coste et son dernier documentaire, La Théorie du boxeur…

Mon argent

Les banques ont un pouvoir de vie… ou de mort

Avec votre épargne, les banques traditionnelles choisissent d'investir dans des projets et des entreprises rentables à court terme qui émettent beaucoup de gaz à effet de serre (GES) responsables du changement climatique. Ainsi, à travers leurs stratégies de financement, **l'empreinte carbone des grandes banques françaises s'élève à 3,3 milliards de tonnes de CO_2éq, soit l'équivalent de huit fois les émissions de la France entière,** d'après une étude réalisée par Oxfam[93]. Les trois premières – BNP Paribas, Crédit agricole et Société générale – ont même chacune une empreinte carbone supérieure à celle du territoire français. Avec le groupe Banque populaire-Caisse d'épargne, elles figurent parmi les banques européennes qui financent le plus les énergies fossiles mais aussi les secteurs qui en dépendent, comme l'aviation, l'automobile, l'agroalimentaire, la construction, le luxe, etc.

Cette situation vient corroborer le constat du sixième rapport d'évaluation du GIEC[94]. D'après ses auteurs, « **les niveaux actuels des ressources financières dédiées au climat sont très insuffisants et sont encore largement dépassés par les flux de financement des énergies fossiles** ». Pourtant, les ressources financières sont suffisantes pour réduire rapidement les émissions de GES et pour s'adapter. Des solutions existent (comme les énergies renouvelables) et nécessitent des financements pour passer à l'échelle en les déployant massivement.

Tout récemment, la réglementation européenne a évolué en mettant les banques et toutes les grandes entreprises au pied du mur. Elles doivent rendre des comptes et sont fortement encouragées à orienter leurs investissements vers des entreprises et des projets plus « verts ». Mais gare au « greenwashing », car en l'absence de régulation, c'est la foire aux promesses trompeuses !

Heureusement, **Reclaim Finance** décrypte les plans de transition des acteurs de la finance, fait pression pour les contraindre à changer de stratégie et abandonner au plus vite le financement des énergies fossiles (gaz, charbon et pétrole) au profit des énergies renouvelables.

Le secteur bancaire a tout intérêt à faire évoluer son modèle économique pour garantir des conditions de vie soutenables sur Terre.

Les banques ont un grand rôle à jouer dans la transition, **vous pouvez les challenger, ou bien changer pour un concurrent écologiquement mieux-disant !**

FOCUS

Reclaim Finance, l'ONG qui fait trembler le monde de la finance

Reclaim Finance est une organisation non gouvernementale fondée en mars 2020 par Lucie Pinson. L'ONG a pour objectif de mettre la finance au service de la justice sociale et climatique. Reclaim Finance entend jouer un rôle de contre-pouvoir citoyen pour accélérer la transition énergétique et écologique du secteur financier. Leur équipe traque et analyse quotidiennement les activités des acteurs financiers pour vérifier leur sincérité, puis elle fait pression en cas de greenwashing avéré. Elle a ainsi développé des outils qui décryptent l'activité et la politique des banques, des assureurs, propriétaires d'actifs, vis-à-vis des énergies fossiles et des énergies renouvelables. Le combat de Lucie, sa force de persuasion et de coercition lui ont permis d'obtenir l'engagement de 43 banques et assureurs français gérant près de 7 000 milliards d'euros d'actifs de cesser leur soutien au secteur du charbon, une première mondiale. Cette victoire lui a valu d'être récompensée du prix Goldman pour l'environnement en 2020. Elle s'attaque désormais au reste des énergies fossiles, notamment les hydrocarbures non conventionnels, qui sont un désastre écologique et à la décarbonation de l'acier, afin de réorienter les flux financiers vers le développement des énergies renouvelables.

Votre compte en banque finance la transition, ou pas !

Si vous ne voulez pas contribuer au financement de projets qui nous conduisent vers une trajectoire à +4 °C, le moyen le plus sûr et le plus efficace est de **choisir une banque qui s'est construite sur des bases éthiques.**

Ainsi, le **Crédit coopératif,** qui offre tous les services bancaires courants, ne soutient ni le secteur des énergies fossiles, ni celui des pesticides. Elle contribue fortement au développement d'entreprises de l'économie sociale et solidaire et son impact carbone est parmi les plus bas. Cependant, elle appartient au groupe BPCE qui, dans son ensemble, est très émetteur de gaz à effet de serre. Et si elle reste plutôt accessible pour les particuliers, elle est plus chère pour les personnes morales comme les associations ou les entreprises.

La **Nef** est une banque qui ne finance que des projets à impacts neutres et positifs, notamment autour des énergies renouvelables et de l'agriculture biologique, mais elle ne propose pas de compte courant. Elle est un bon compromis si vous ne voulez pas changer de banque et que vous avez un peu d'épargne à placer dans des projets qui ont du sens.

Les néobanques éthiques ont encore du mal à percer face aux mastodontes bancaires. On retrouve ainsi **Helios,** classée comme la banque française la plus « verte » par un organisme indépendant en raison de sa plus faible empreinte carbone. Reconnue entreprise à mission, elle propose tous les services bancaires du quotidien et s'engage en toute transparence et humilité. On retrouve également **Green-Got,** qui ne finance que des projets de transition écologique et énergétique mais aussi d'adaptation au changement climatique.

Le choix d'opter pour une banque éthique est un acte ultra-efficace et puissant. Mais changer d'établissement bancaire peut s'avérer parfois complexe, surtout lorsqu'on rembourse déjà un crédit. Toutefois, des solutions de transfert existent et certaines banques peuvent accepter de racheter votre crédit, ça vaut la peine de leur demander !

Mais personne ne finance la régénération du cycle de l'eau

La nouvelle réglementation CSRD[95] impose à certaines entreprises la publication d'un rapport de durabilité selon une approche standardisée, axée sur les risques et les impacts, incluant notamment l'eau et la biodiversité. Les entreprises concernées sont celles qui comptent plus de 250 employés, avec (au moins) 40 millions d'euros de chiffre d'affaires et/ou 20 millions d'euros de bilan, ainsi que les banques, les assurances et les grandes entreprises non européennes ayant des filiales en Europe. Toutes les entreprises cotées de plus de 10 personnes seront soumises à la CSRD. Les PME devraient bénéficier d'un *reporting* simplifié. Pour la première fois, **les banques devront se soucier des menaces pesant sur les ressources en eau, les écosystèmes aquatiques et marins.** Elles devront évaluer leur dépendance notamment vis-à-vis des pays en stress hydrique, et engager des moyens financiers à court, moyen et long termes. Sont ainsi visées la réduction des prélèvements et de la consommation d'eau, ainsi que la réduction des rejets polluants ou encore la réutilisation des eaux usées traitées (REUT).

« Les banques devront se soucier des menaces pesant sur les ressources en eau, les écosystèmes aquatiques et marins. »

On peut saluer cette avancée réglementaire inédite, mais elle s'inscrit dans une logique d'efficacité hydrique, donc seulement de réparation, et au mieux d'adaptation.

De plus, les fonds choisis par les banques restent très flous sur la nature des projets financés et ne s'inscrivent jamais dans une logique de régénération.

Il n'est question que de la face visible de l'eau, à savoir l'eau bleue et l'eau grise, sans considérer l'eau verte, qui est pourtant une limite planétaire franchie. Pire, on risque de financer des solutions de maladaptation comme le dessalement de l'eau de mer ou la REUT qui consomme beaucoup d'énergie et risque d'aggraver les sécheresses en rivière. Or, on a surtout besoin de sobriété globale car ces mesures d'efficacité peuvent induire un effet rebond.

Nous avons vu que notre empreinte eau est largement dominée par notre alimentation, que la numérisation et la décarbonation de notre économie risquent de l'alourdir. Il y a donc lieu d'**intégrer l'empreinte eau** comme une valeur de référence au même titre que l'empreinte carbone et, plus récemment, l'empreinte biodiversité. Il y a surtout **besoin de financer l'hydrologie régénérative et, d'une manière générale, des solutions fondées sur la nature** qui cumulent tous les avantages en réduisant les ruissellements, en stockant l'eau et le carbone dans les sols, en créant des habitats pour la biodiversité, etc. Cette dynamique de régénération s'inscrit dans une démarche préventive à long terme et permet d'améliorer la résilience des territoires face aux événements extrêmes.

MON ACTION

→ Je calcule l'empreinte carbone de mon épargne avec le calculateur d'Oxfam[96].

→ Je choisis une banque éthique qui abandonne le financement des énergies fossiles au profit des énergies renouvelables, la préservation des forêts et écosystèmes : Crédit coopératif, Nef, Green-Got, Helios…

→ Je choisis des solutions d'épargne qui financent des projets d'entreprises écoresponsables et solidaires sur mon territoire, comme des projets d'installation en agriculture biologique ou des pépinières paysannes et locales.

→ Je challenge ma banque éthique sur son empreinte eau, le financement de l'hydrologie régénérative et des solutions fondées sur la nature.

→ Je rejoins et je soutiens l'ONG Reclaim Finance, qui permet de sortir les actifs des énergies fossiles et de les orienter vers des énergies renouvelables surtout basées sur le solaire et l'éolien.

Mon assurance

La France devient de moins en moins assurable

En 2023, les sinistres liés au climat, notamment la sécheresse et les inondations dans le Nord, ont coûté 6,5 milliards d'euros aux assureurs français, devenant ainsi la troisième année la plus coûteuse pour la profession. On observe clairement une intensification des événements hydrologiques au cours de la dernière décennie qui alourdissent le bilan des pertes matérielles et économiques.

Les assureurs s'inquiètent car **le surcoût des sinistres liés au climat arrive plus vite que prévu.** Sur les quatre dernières années, la sinistralité climatique atteint en moyenne **6 milliards d'euros par an, un coût largement supérieur à celui de la décennie précédente.** Sur la période 2020-2023, le coût des sinistres climatiques est supérieur de 18 % à la prévision établie par la fédération France Assureurs en 2021, à l'horizon 2050[97].

D'après un récent rapport d'expertise remis au gouvernement français, **le coût des dommages liés principalement au climat pourrait augmenter de l'ordre de 50 % à l'horizon 2050[98]**. Les risques climatiques amenés à devenir de plus en plus importants sont les feux de forêt, les vagues de chaleur et les sécheresses, les crues et les submersions marines, ainsi que les cyclones dans les territoires ultramarins.

Pour maintenir un système assurantiel protecteur, accessible et solidaire, il est prévu d'**augmenter le taux de cotisation des primes Cat Nat (pour les catastrophes naturelles)** de 12 à 20 % sur les contrats d'assurance de dommages aux biens d'habitation et professionnels, à compter du 1er janvier 2025. Cela permettrait d'augmenter la capacité de couverture supplémentaire de 1,2 milliard d'euros par an. Mais est-ce suffisant ?

À court terme, oui, mais **cette surprime risque encore d'augmenter de quelques points dans les années à venir.** Le directeur général de la Caisse centrale de réassurance (l'assureur public des assureurs) en appelle à un débat politique sur la question de l'assurabilité des territoires. Selon lui, « il y aura **quelques endroits en France qui ne pourront plus être ni assurables ni constructibles à court terme[99]**».

La question de la responsabilité se pose alors entre ceux qui font les études de risque, les préfets qui approuvent les zones inondables, les élus qui décident des règles de constructibilité sur leur territoire, et les particuliers qui acceptent de vivre avec le risque.

Une chose est sûre : **une France à + 4 °C ne sera plus assurable avec le système actuel.** Le monde de l'assurance, comme le monde bancaire, va devoir évoluer.

Les assureurs, des pompiers pyromanes ?

Pour développer un projet d'infrastructure exploitant les énergies fossiles responsables du dérèglement climatique, les entreprises comme TotalEnergies vont s'adresser aux banques comme BNP ou Société générale, pour contracter un prêt. Ces banques vont alors demander la couverture des risques associés au projet d'infrastructure et c'est là que les sociétés d'assurance entrent en jeu. **En réalité, les assureurs et réassureurs sont les premiers maillons de la chaîne** et ont l'immense pouvoir de choisir d'assurer ou pas ces infrastructures écocides.

« Il est urgent que les assurances s'engagent dans la décarbonation de leur portefeuille. »

Les assureurs jouent donc un rôle ambigu, puisqu'ils permettent le financement de ces projets d'un côté, et de l'autre, ils se retrouvent à devoir indemniser davantage de sinistrés à des coûts exorbitants, en raison du changement climatique... induit par les GES émis par les infrastructures qu'elles assurent !

Le rapport de mission rappelle qu'**il est urgent que les assurances s'engagent dans la décarbonation de leur portefeuille** pour atténuer le changement climatique. Comme les banques, elles peuvent réorienter leur stratégie en choisissant de couvrir des entreprises ambitieuses en matière de transition énergétique et écologique, plutôt que des entreprises qui continuent à investir dans les énergies fossiles ou celles qui en dépendent très fortement.

C'est le choix qu'ont opéré une dizaine de pionniers européens comme Axa, qui désinvestit les secteurs du charbon et des sables bitumineux. Mais **il reste qu'en France, toutes les sociétés d'assurance s'autorisent encore à financer des projets pétroliers et/ou gaziers à l'étranger.** Face à cela, l'ONG Reclaim Finance entend bien les convaincre ou les contraindre à changer de stratégie.

Faute de mieux, vous pouvez **soutenir les actions de Reclaim Finance** et faire vous-même pression sur votre assureur en le questionnant sur ses engagements climatiques.

Enfin, les assureurs devront s'orienter de plus en plus vers la prévention des risques de sécheresse et d'inondation en accompagnant les travaux préventifs réalisés par les particuliers et les entreprises, mais aussi, à l'échelle collective, en soutenant le développement de solutions globales comme l'hydrologie régénérative.

FOCUS

Pour que les sécheresses ne fissurent plus les maisons ?

Une longue période de sécheresse intense telle que celle que nous avons vécue en 2022 fissure les murs des maisons individuelles construites sur des sols argileux : ce risque est identifié sous la dénomination de Retrait-gonflement des argiles (RGA). Par leur structure minéralogique, les argiles ont la capacité de se rétracter en cas de sécheresse intense, puis de gonfler quand le sol se réhydrate, comme une éponge. Ce risque bien connu en France prend de l'ampleur, puisque les zones classiquement touchées s'étendent au fur et à mesure vers des régions autrefois peu touchées comme le Grand Est, la Bourgogne-Franche-Comté et l'Auvergne-Rhône-Alpes. Au total, plus d'une maison individuelle sur deux est concernée et un tiers d'entre elles seraient fortement impactées.

De nombreuses familles vivent dans des maisons dont les murs se fissurent et certaines, désespérées, doivent abandonner la leur, car elle est devenue inhabitable.
Tous les assureurs et réassureurs s'inquiètent car le coût des sinistres est passé de 400 millions d'euros par an en moyenne, sur la période 1989-2015, à 1 milliard d'euros par an en moyenne, sur la période 2016-2020. Pour l'année 2022, le coût des sinistres est estimé à plus de 3 milliards d'euros, un record absolu !
Face à ce risque d'une ampleur insoupçonnée, l'expérimentation « Initiative sécheresse » actuellement menée par France Assureurs, la CCR et la Mission Risques Naturels, vise à évaluer l'efficacité de quatre grandes solutions préventives et curatives :
- la réhydratation des sols par injection d'eau à proximité des fondations en période de sécheresse ;
- la protection des sols en confinant les fondations par une géomembrane (qui les isole des variations de la teneur en eau des sols), un écran antiracine, une protection drainante, etc. ;
- le traitement des sols par injection d'une solution à proximité des fondations ;
- la reprise en sous-œuvre par l'installation de micropieux ou de longrines.

Dans tous les cas, les assurances pencheront vers la solution préventive la moins chère et la plus efficace. Reste la question de savoir qui va payer ces travaux de prévention. D'autres leviers sont envisagés, comme l'augmentation des primes d'assurance dans les zones à risque, de manière à désinciter les populations à s'installer dans les zones à risque.

MODE D'EMPLOI

J'évalue les risques hydrologiques près de chez moi et je me prépare

Rendez-vous sur le portail Géorisques :
https://www.georisques.gouv.fr/

1. **Je renseigne mon adresse exacte et j'identifie les risques auxquels mon habitat est exposé.**

   → *Mon habitat est soumis aux risques suivants : ....*

2. **Si ma maison est exposée au risque d'inondation :**

   → Je m'informe sur **Vigicrues** et je suis les prévisions hydrologiques *via* l'application mobile en cas de vigilance pluie-inondation ;

   → Je suis les **consignes de prévention** (mise en hauteur des biens…) **et de sécurité** en cas de crue (ne pas prendre sa voiture, ne pas traverser de voies submersibles…) ;

   → J'étudie la mise en **place de barrières anti-inondation** en me renseignant sur les aides auprès de mon assureur.

3. **Si ma maison se fissure ou risque de se fissurer à cause du RGA :**

   → J'étudie la mise en place d'un **dispositif de réhydratation des sols** avec mon assureur, j'évalue le coût des travaux et les aides possibles ;

   → Je me renseigne auprès de l'Association nationale des assurés sinistrés sécheresse (**Anass**).

Mon job

Toutes les entreprises dépendent de l'eau

Aucune entreprise ne peut exister sans eau. Quel que soit votre secteur d'activité, chaque entreprise dépend de l'eau verte des sols ou des forêts, de l'eau bleue des rivières ou des nappes ou bien rejette de l'eau grise dans les cours d'eau.

Pour estimer l'étendue de cette dépendance, elle peut **évaluer l'empreinte eau multicritère** d'un ou plusieurs produits et faire des choix dans la conception et l'approvisionnement de manière à avoir le moindre impact tout au long de leur chaîne de valeur.

Il est également possible d'**évaluer les risques** liés aux sécheresses, au stress hydrique ou aux risques d'inondation dans une zone d'activité. Si une entreprise construit des hôtels haut de gamme dans le désert, il est évident que son modèle d'affaire doit profondément évoluer !

Au-delà de l'empreinte eau, il s'agit d'intégrer les autres limites planétaires et les planchers sociaux, avec une vision à long terme et un **mode de gouvernance plus coopératif.** Les travaux autour du **modèle régénératif** sont à ce titre passionnants et intéressants à développer.

Dans le domaine de l'eau, il serait intéressant d'identifier les sujets et projets où votre entreprise peut avoir des **impacts positifs**[100], en développant des mesures de **sobriété** ou bien des projets qui visent la **régénération** du cycle de l'eau. Il s'agit notamment d'investir dans les infrastructures **d'eau potable et d'assainissement** pour garantir leur performance malgré les crises, de soutenir la **restauration des rivières et des écosystèmes aquatiques** ainsi que **l'agriculture de demain** – agriculture biologique de conservation des sols, hydrologie régénérative et agroforesterie – qui contribueront à améliorer notre résilience face aux extrêmes hydrologiques.

« Le modèle régénératif s'appuie sur une approche systémique, où il n'y a pas que le carbone et le changement climatique qui sont pris en compte, mais l'ensemble des neuf limites planétaires. »

Ainsi, on voit apparaître de plus en plus de **partenariats public/privé** pour cofinancer des projets de désimperméabilisation et de restauration de rivières qui sont trop lourds à porter financièrement par les collectivités. On peut citer l'initiative du **Fond pour le vivant** créé par la **Maif,** qui permet de financer chaque année de nombreux projets de restauration de zones humides, de restauration de la continuité écologique des rivières, de reméandrage et de végétalisation des berges. La Reverotte dans le Doubs, la Reyssouze dans l'Ain, les prairies de la Palu en Charente, l'Orne en Normandie sont autant de projets sélectionnés par leur comité scientifique en 2024[101].

FOCUS

L'entreprise peut-elle être régénérative ?

L'entreprise régénérative est un des objectifs visés par la Convention des entreprises pour le climat (CEC), une association qui organise des parcours de prise de conscience et de transformation de dirigeants économiques, de la petite entreprise au grand groupe coté en Bourse. Leur raison d'être est de « rendre irrésistible la bascule extractive vers l'économie régénérative avant 2030[102]». Par « régénérer » on entend « aller au-delà de la réduction d'impacts négatifs ou de leur neutralisation, pour s'engager vers la génération d'impacts positifs nets pour les écosystèmes et la société ». Autrement dit, il s'agit de nuire le moins possible, régénérer ce qui peut l'être, ou y contribuer.
Le modèle régénératif s'appuie sur une approche systémique, où il n'y a pas que le carbone et le changement climatique qui sont pris en compte, mais l'ensemble des neuf limites planétaires.

Ces limites extérieures sont censées garantir des conditions viables pour nos sociétés mais six ont déjà été franchies par l'humanité (l'eau et la biodiversité en font partie) et nous avons profondément déstabilisé le système Terre. Nos sociétés humaines reposent également sur 12 besoins fondamentaux comme la nourriture, l'accès à l'eau, l'éducation entre autres.
Pour continuer à prospérer, les entreprises doivent avoir un modèle compatible avec le plafond écologique défini par les limites planétaires et le plancher social dont chaque humain a besoin pour bien vivre. Cette conception, appelée le « Doughnut », est tirée des travaux de la chercheuse Kate Raworth[103], qui sont à la base d'une feuille de route établie par chaque dirigeant d'entreprise à l'issue de son parcours CEC[104]. Ainsi, une entreprise a une visée régénérative mais c'est un chemin, et elle ne peut véritablement l'accomplir qu'en faisant écosystème. Les écosystèmes naturels sont résilients grâce à leur biodiversité et la multitude des interactions qu'ils abritent, notamment les symbioses qui génèrent des bénéfices pour les deux parties.
Les entreprises doivent désormais apprendre à coopérer.

MON ACTION

Employé, je deviens un ambassadeur de l'eau au sein de mon entreprise

→ J'interroge ma direction, et la personne chargée de la politique RSE : mon entreprise prend-elle suffisamment en compte les enjeux de l'eau dans son modèle économique ? A-t-elle évalué l'empreinte eau de ses activités, ses dépendances et les risques associés ? Si elle est concernée, comment va-t-elle répondre aux nouvelles obligations de la CSRD, notamment sur le critère de l'eau ?

→ Je l'encourage à organiser un plan de formation, via la plateforme Sator, la CEC avec ses parcours thématiques et son Institut.

→ Je travaille en réseau avec les entreprises de l'économie sociale et solidaire (ESS) présentes sur mon territoire.

→ Je m'inspire d'exemples pour financer des projets autour de l'hydrologie régénérative[105].

En recherche d'emploi, je m'intéresse aux métiers de l'eau

→ Les profils qui intéressent : ingénieurs, hydrologues, hydrogéologues, écologues, techniciens, chimistes, facilitateurs et médiateurs de l'eau, économistes, sociologues et juristes spécialisés dans le domaine de l'eau…

→ Les secteurs publics qui recrutent : les collectivités gestionnaires de l'eau potable, de l'assainissement, les eaux pluviales, des bassins versants, les organismes rattachés à l'État (agence de l'eau, Ademe, ARS…), certaines associations.

→ Les secteurs privés qui recrutent : bureaux d'études, gestionnaires privés de l'eau potable et de l'assainissement, sociétés d'assurance, industries agroalimentaires…

Dans la fonction publique, j'innove, je tiens bon ou je bouge

Il n'y a rien de plus noble que d'agir au cœur de l'action publique dans l'intérêt général, pour contribuer à la gestion d'un commun. Protéger et partager l'eau, tisser des relations diplomatiques autour de ce commun, s'inscrire dans un projet qui peut grandement servir à celles et ceux qui nous succéderont. Ce sont autant de raisons qui m'ont animée lorsque j'exerçais en tant qu'ingénieure territoriale.

Mais il y a bien des désillusions que je n'ai pas su surmonter, comme un désalignement avec la commande politique, des techniques managériales désuètes, la rigidité et l'inertie administrative. Il n'est pas rare non plus de se retrouver en face d'élus qui manquent d'ambition, voire qui s'en fichent complètement, ou d'autres qui n'agissent que par intérêt personnel. Tout ça pour un salaire finalement peu attractif... On a alors l'impression que notre choix, triste et simple, se résume à cette alternative : **fuir** ou **se résigner.** Mais il existe un entre-deux : **s'engager** en parallèle de ses fonctions.

Ainsi, vous pouvez rejoindre **La Fabrique des transitions,** une alliance transpartisane de 400 organisations territoriales qui renouvellent la manière de conduire les transitions. Il existe également des associations qui rassemblent des fonctionnaires, des experts et des acteurs publics convaincus qu'une transformation profonde de l'action publique est nécessaire.

MON ACTION

→ Je me forme dans le cadre du grand plan de formation des agents publics à la transition écologique.

→ Élu.e, technicien.ne ou cadre de la fonction publique, je me forme aux métiers de l'eau avec l'Office International de l'Eau (OIEau) : https://www.oieau.org/

→ J'engage ma collectivité dans l'action avec le dispositif AQUAGIR animé par la Banque des Territoires : https://aquagir.fr/

→ Je cherche du soutien grâce aux réseaux associatifs d'agents engagés comme Le Lierre, la Fonction publique du 21e siècle, La Fabrique écologique, et Une Fonction publique pour la transition écologique.

Mon vote

L'eau, c'est politique et c'est du local !

Les élus locaux ont de nombreux pouvoirs et leurs décisions peuvent lourdement impacter les hydrosystèmes, comme elles peuvent les protéger et les restaurer.

Ce sont ceux qui ont le plus de responsabilités vis-à-vis de la gestion locale de l'eau. Les compétences de l'eau ont tendance à être transférées de l'échelon communal à l'échelon intercommunal (métropole, syndicat, communauté de communes ou agglomération). Ainsi le maire d'une commune, qui gérait autrefois l'eau potable et/ou l'assainissement avec un ou quelques employés, doit transférer la compétence (et donc les décisions politiques) au vice-président de l'intercommunalité, plus grande, dotée d'une équipe technique plus importante.

Ainsi les collectivités territoriales ont la responsabilité d'organiser et de gérer un certain nombre de compétences autour de l'eau :

– De manière directe : la gestion de l'eau potable, de l'assainissement et les eaux pluviales, des rivières à l'échelle d'un bassin versant avec la **Gestion des milieux aquatiques et de prévention des inondations (Gemapi)** ;
– De manière indirecte : l'aménagement du territoire et notamment l'urbanisme et la mobilité, qui impactent les flux d'eaux pluviales, la politique alimentaire qui peut soutenir le passage en agriculture biologique des producteurs locaux.

L'organisation territoriale est complexe quand les intérêts politiques entrent en jeu. Rares sont les territoires qui ont su organiser ces compétences de manière cohérente par rapport aux limites naturelles de l'eau, à savoir les bassins versants, en dépassant les clivages politiques. En 2016, le législateur a donc imposé une nouvelle compétence assortie d'une taxe à lever, la Gemapi. Presque dix ans plus tard, la Gemapi et les autres compétences de l'eau continuent à se structurer sur quelques territoires réfractaires.

« L'organisation territoriale est complexe quand les intérêts politiques entrent en jeu. »

Car malheureusement, dans certains territoires, on a encore des élus qui jugent n'avoir aucun problème d'eau. Ils ne sont pas du tout inquiétés par les crises bioclimatiques en cours, et continuent à imperméabiliser les sols, en construisant parfois en zone inondable, avec pour seuls guides la croissance et un nouveau mandat. **Et après eux le déluge... Sauf que celui-ci arrive plus vite que prévu !** D'autres bloquent le transfert des compétences de l'eau à l'échelon intercommunal (plus ou moins pour les mêmes raisons) ou bien, à l'inverse, refusent d'assumer ces compétences, ou bien d'investir dans les infrastructures par crainte d'augmenter le prix de l'eau ou la taxe Gemapi.

Les élections municipales sont donc un rendez-vous démocratique immanquable pour avoir des politiques locales ambitieuses en matière de gestion de l'eau.

La politique de l'eau est partout, jusqu'à l'Europe !

Au-dessus de l'échelon intercommunal, on retrouve les **élus départementaux** qui jouent un rôle important puisqu'ils peuvent subventionner des travaux menés par les collectivités gestionnaires comme la réduction des fuites, le renouvellement et l'interconnexion des réseaux, l'amélioration des performances des stations d'épuration, la désimperméabilisation des sols, la préservation des zones humides, etc. Ce soutien financier départemental (qui dépend là encore d'une volonté politique) est très souvent déterminant, notamment pour accompagner les territoires ruraux qui ont des moyens plus limités que les territoires urbains.

Les **élus régionaux,** quant à eux, mènent des politiques économiques qui peuvent impacter les hydrosystèmes. Par exemple, les élus majoritaires de la région Auvergne-Rhône-Alpes soutiennent la construction de nombreuses retenues pour l'enneigement artificiel dans les Alpes, en espérant perpétuer le modèle tout-ski des stations de montagne et accueillir les Jeux Olympiques d'hiver en 2030. Mais ces retenues ont un impact sur les milieux aquatiques, notamment à l'automne, quand les débits des rivières sont au plus bas et qu'il faut remplir les retenues avant l'hiver.

Régions et Départements peuvent choisir de financer de nouvelles infrastructures routières qui contribuent à l'artificialisation des sols et à l'accélération des ruissellements, ou bien d'investir davantage dans les transports en commun comme les trains, les tramways, les bus, et les mobilités actives comme le vélo.

Les **élus nationaux** (le président et les parlementaires) peuvent légiférer sur la refonte de notre système alimentaire, la transition énergétique de la France et la protection des écosystèmes aquatiques. Ils peuvent aussi considérablement augmenter les moyens des organismes de l'État comme les agences de l'eau, l'Office français pour la biodiversité, l'Office national des forêts, et ses services déconcentrés. Mais la tendance actuelle est plutôt aux coupes budgétaires et aux ponctions qui limitent fortement les moyens d'atteindre l'objectif de bon état fixé par la réglementation européenne.

Enfin, les **élus européens** peuvent réformer la politique agricole commune (PAC), interdire l'usage des pesticides comme le glyphosate, soutenir la conversion à l'agriculture biologique de conservation et le déploiement de l'hydrologie régénérative, instaurer des clauses miroirs dans les échanges internationaux qui imposent des normes sanitaires et environnementales sur les biens importés qui soient autant voire plus strictes que les normes du pays importateur, etc. Ils peuvent également soutenir le financement des énergies renouvelables et des mobilités décarbonées, ainsi que le développement d'entreprises qui s'engagent dans un modèle régénératif.

Participer aux rendez-vous démocratiques par votre bulletin de vote influence grandement toutes ces politiques qui ont des impacts réels sur les hydrosystèmes !

MON ACTION

Je vote pour un candidat au programme prenant acte d'enjeux tels que l'eau, le climat et la biodiversité

→ Aux municipales (les plus stratégiques) :
pour l'eau potable, l'assainissement, les eaux pluviales, la Gemapi, pour siéger au sein d'un parlement de l'eau décrit ci-après ou contribuer à sa création.

→ Aux départementales :
pour financer les politiques locales de l'eau, protéger et restaurer la biodiversité.

→ Aux régionales :
pour la mobilité, l'économie, les choix énergétiques.

→ Aux présidentielles et législatives :
pour appliquer la loi sur l'eau et atteindre le bon état des eaux, pour transformer la politique agricole et énergétique.

→ Aux européennes :
pour le climat, l'eau, la biodiversité, l'économie, la PAC et l'interdiction des pesticides et polluants éternels.

Si aucun candidat ne me satisfait, je challenge leurs ambitions et/ou je m'engage pour faire avancer le sujet de l'eau dans le débat politique !

Ma rivière

Les parlements de l'eau

Si elle relève bien d'un enjeu politique, **l'eau n'est l'apanage d'aucun parti.** Ainsi, grâce au modèle de gouvernance français, organisé par bassin versant, des élus de tout bord se retrouvent à parlementer autour des rivières et des fleuves avec des acteurs économiques, des associations de pêche ou de défense de l'environnement, ainsi que les représentants de l'État. Ils discutent au sein des **parlements de l'eau** que l'on retrouve à toutes les échelles : depuis les petits bassins versants jusqu'aux instances internationales autour des grands fleuves transfrontaliers.

Pour siéger dans ces instances, la voie d'entrée est soit électorale, soit associative, mais quand on souhaite créer un nouveau siège, il faut obligatoirement l'accord des préfets !

Alors, qui est majoritaire dans ces parlements de l'eau ? Les élus locaux, car ils occupent la moitié des sièges. Ce sont des citoyens, certes, mais des citoyens mus par des intérêts politiques. Les usagers économiques, quant à eux, représentent des personnes morales qui ont des intérêts économiques.

Finalement, qui représente les intérêts de la rivière ? Qui parle au nom des végétaux, des galets, des oiseaux, des poissons, des bivalves et crustacés qui peuplent nos cours d'eau ? Il s'agit d'un comité scientifique au rôle seulement consultatif (dans le meilleur des cas) ou bien d'associations environnementales, minoritaires et souvent prises en otage par un chantage à la subvention.

En attendant de faire évoluer nos règles du jeu et le droit français, **la seule manière d'amplifier l'ambition des parlements de l'eau reste les élections municipales.** C'est d'ici que tout bouge, car les élus municipaux voteront leurs représentants dans les collectivités chargées des compétences de l'eau, qui désigneront à leur tour ceux qui siégeront dans un parlement de l'eau. Mais les portes s'ouvrent et se ferment aussitôt, tous les six ans. Il ne faut pas rater le coche : rendez-vous en 2026 !

FOCUS

Faut-il donner des droits aux rivières ?

Et si je vous répondais par l'absurde : faut-il retirer le droit de vote aux femmes ? Faut-il retirer la liberté d'entreprendre et le statut de personne morale à une entreprise ? Faut-il retirer le droit de soin, d'éducation et de protection à l'enfant ? Tous sont reconnus comme des sujets jouissant de droits fondamentaux, et peuvent les revendiquer devant un juge, si une personne morale ou physique leur porte atteinte. Leur deuxième point commun réside dans le fait que l'octroi d'un statut et de droits ne s'est jamais fait sans heurter la pensée de philosophes, politiques et autres juristes de leur époque.

Face à l'effondrement de la biodiversité et aux crises écologiques en cours, de nombreux juristes travaillent sur la reconnaissance des droits de la nature, comme maître Marine Yzquierdo, avocate et présidente de la commission « Droits de la Nature » du barreau de Paris, ou encore Marine Calmet, présidente de Wild Legal, un programme juridique expérimental et interactif[106].

Déjà, en 1970, l'avocat américain Christopher Stone, alors qu'il plaidait pour défendre les séquoias d'une vallée californienne menacée d'être rasée par un projet de station de ski porté par Walt Disney, écrivit un article fondateur de l'écologie profonde : « Les arbres doivent-ils pouvoir plaider[107] ? » D'après lui, il n'y a aucune raison de ne pas étendre l'attribution de droits au-delà du cercle des humains. Le procès a été perdu en appel mais Walt Disney s'est finalement ravisé et les séquoias demeurent.

L'appel de la rivière

Une question revient systématiquement dans ce débat : si les rivières et les fleuves avaient des droits, **qui devrait représenter leurs intérêts ?**

Cette question de légitimité est profonde car elle interroge notre relation à l'eau, aux rivières et aux fleuves. En France, notre rapport est plutôt technique et institutionnel. Nous avons une armée de scientifiques – comme moi – qui analysent de manière rationnelle l'état de la rivière selon une grille de critères techniques, puis ils rapportent leur conclusion aux parlements de l'eau. Comme disait le regretté sociologue Bruno Latour : « **Les scientifiques sont les meilleurs traducteurs de voix et des langages de la nature[108].** » En tant que scientifique, je suis capable de traduire les langages de la rivière. Mais peut-on se limiter à cette évaluation exclusivement mentale ?

Comme le pense Bruno Latour, mais aussi des écrivains philosophes comme Baptiste Morizot ou des artistes, il y a bien quelque chose de plus profond, de plus sensible, un sentiment d'attachement à la rivière qui nous pousse à vouloir la protéger. C'est ce précieux lien d'attachement désintéressé qui donnerait de la légitimité pour représenter les intérêts de la rivière, pour qu'elle puisse vivre librement, sans être polluée ou surexploitée pour son eau, sa température, son courant ou ses cailloux. Cela changerait considérablement notre rapport de force, passant de « Je ne lui dois rien, elle me doit tout » à « Je lui dois tout, elle ne me doit rien ».

C'est en prenant conscience de cette relation d'interdépendance à notre rivière, que nous arriverons à traverser les crises de l'eau.

En s'inspirant des avancées juridiques d'autres pays, on voit apparaître en France des initiatives intéressantes comme le parlement de Loire mené par un consortium de l'université de Nantes, l'Assemblée populaire du Rhône portée par l'association ID.eau, les gardiens de la Seine et de la Garonne initiés par le programme juridique Wild Legal, mais aussi des rivières comme la Durance avec l'association SOS Durance Vivante, l'Arc avec l'association Arc Fleuve Vivant, et même le fleuve Tavignagnu en Corse porté par le collectif Tavignanu Vivu, Umani et Terre de Liens Corsica. Ces collectifs se sont constitués en marge des parlements de l'eau

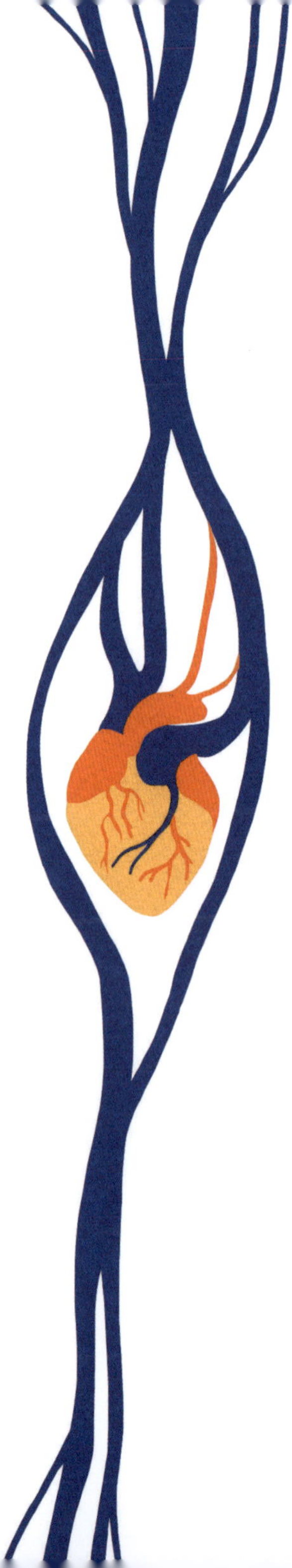

existants. Les citoyens partent à la rencontre de leur rivière avec des experts pour connaître son fonctionnement, ses enjeux, les pressions qu'elle subit et par la magie de l'intelligence collective, ils dessinent les contours d'un nouveau cadre de gouvernance où la rivière aurait des droits et **un conseil de gardiens serait instauré pour défendre ses intérêts.**

Ces travaux offrent de belles perspectives pour **changer notre rapport aux rivières et donner la possibilité aux citoyens de participer à cette vie démocratique de l'eau.**

Mais, prises de manière isolée, ces initiatives ne pourront faire émerger ce nouveau paradigme. Riches de leurs expériences, **elles sont appelées à « confluer » pour allier leurs forces.** Les confluences sont la rencontre d'une rivière avec le cours principal. Il est temps que tous ces conseils de gardiens se structurent autour des grands fleuves et s'organisent selon les limites naturelles de l'eau, celles du bassin versant. Et puisque toutes les rivières font partie d'un seul et même grand cycle de l'eau, toutes ces initiatives doivent s'unir, pour qu'enfin les rivières françaises soient reconnues comme des sujets de droit.

FOCUS

Suivons les pionniers

En 2016, en Colombie, le fleuve Atrato accède au statut de personnalité juridique par la voie royale : une décision constitutionnelle. Les Colombiens ont désormais un conseil scientifique et des gardiens chargés de protéger le fleuve. En 2017, c'est l'Inde qui reconnaît le fleuve sacré du Gange comme un sujet de droit, ainsi que la rivière Yamuna, jusqu'aux glaciers. La même année, le gouvernement néo-zélandais adopte le « Te Awa Tupua Act » qui traduit un attachement familial des Maoris avec le fleuve Whanganui, désormais reconnu comme sujet de droit. En 2022, la lagune Mar Menor, en Espagne, accède à son tour au statut de sujet de droit.

En France et en Suisse, l'Assemblée populaire du Rhône a mené une expérience démocratique transfrontalière inédite. Un panel de 25 citoyens tirés au sort, suisses et français, a travaillé pendant deux ans avec des experts scientifiques, des juristes, des spécialistes du Rhône, des élus suisses et français. Leurs conclusions sont unanimes : oui, le Rhône doit être un sujet jouissant de droits fondamentaux et son cadre de gouvernance actuel doit évoluer. Les citoyens ont donc proposé une nouvelle gouvernance par le prisme de trois boussoles : les limites planétaires, l'interdépendance avec le vivant et la dimension transnationale. Ils suggèrent d'instaurer un conseil de gardiens du Rhône avec des critères d'entrée et des modalités de fonctionnement précis. Ce conseil pourrait, entre autres, capitaliser et diffuser des informations sur le Rhône et ses problématiques, poser un cadre d'échanges pour élaborer des solutions, fournir des outils de prévention et de sensibilisation, et, quand la situation l'exige, mener des actions en justice.

Cette expérience franco-suisse est une base de travail très riche pour construire un réseau de gardiens sur tout le bassin du Rhône et pourrait inspirer d'autres stratégies[109] !

MODE D'EMPLOI

Devenir gardienne ou gardien de sa rivière

1. **Je nomme la rivière qui traverse ma commune (je m'informe sur Géoportail, si je ne sais pas).**

   → *Nom de ma rivière : ....*

2. **Je situe ma rivière dans le grand bassin hydrographique. Je vis sur :**

   ☐ Le bassin Seine-Normandie

   ☐ Le bassin Loire-Bretagne

   ☐ Le bassin Adour-Garonne

   ☐ Le bassin Rhône-Méditerranée et Corse

   ☐ Le bassin Rhin-Meuse

   ☐ Le bassin Artois-Picardie

   ☐ En France d'outre-mer

3. **J'apprends à connaître mon hydrosystème en me renseignant sur le site Internet de l'agence de l'eau de mon grand bassin hydrographique : la présentation générale du bassin, les ressources en ligne et, pour les plus courageux, le Schéma directeur d'aménagement et de gestion des eaux (SDAGE).**

4. **J'écoute le podcast « En immersion » des agences de l'eau.**

5. **Je découvre la qualité de ma rivière avec l'application Qualité Rivière.**

6. **Je participe aux dispositifs de consultation et de concertation organisés par les collectivités et/ou l'agence de l'eau.**

7. **Je rejoins un collectif de citoyens pour défendre et protéger mon hydrosystème :**
   - L'Assemblée populaire du Rhône
   - Les Gardiennes et Gardiens de la Seine
   - Les Gardiennes et Gardiens de la Garonne
   - Pour toutes les autres : **« Ma rivière, c'est moi »** avec Wild Legal et Rivières Sauvages

8. **J'approfondis les droits de la Nature avec Marine Calmet[110] et les droits de la Loire avec Camille de Toledo[111].**

CONCLUSION

Sortir du paradigme de la peur

« Pour qui s'intéresse à l'évolution de nos sociétés, pas de meilleur sujet que l'eau. Elle est le plus fidèle et le plus indiscret des miroirs. Dis-moi comment tu produis l'eau, au profit de qui, à quel prix tu l'offres, et je te dirais à quel type de société tu appartiens. »

Erik Orsenna, *La Terre a soif*[112]

Les crises de l'eau peuvent survenir chez nous, par une coupure d'eau, un conflit d'usage, des fissures dans une maison ou une inondation catastrophique. Elles sont aussi capables d'entraîner des pertes agricoles et donc d'impacter notre approvisionnement en denrées alimentaires. À cause des sécheresses interminables, la production électrique risque de chuter et de mettre à l'arrêt nos industries, nos transports, et de paralyser notre économie.

Puisqu'on l'a trop longtemps considérée comme une ressource infinie, constamment disponible, une chose à contrôler, l'eau se fait de plus en plus remarquer par son absence ou son débordement. Plutôt que de s'en méfier, d'en avoir peur, ne pourrait-on pas chercher à comprendre ce qu'elle nous dit ?

Pour agir, il faut comprendre

Nous devons chercher à comprendre de quelle rivière et de quel fleuve nous dépendons. Comprendre que nous avons toutes et tous intérêt à ce que notre hydrosystème soit en bonne santé pour vivre, être nous-même en bonne santé et développer nos activités.

En ayant lu ce manuel, vous aurez compris que les crises de l'eau sont à relier avec celles de la biodiversité et du climat, qui s'enracinent dans nos modes de consommation insoutenables. Il s'agit moins de faire les bons écogestes que de s'engager dans un changement profond de nos modes de vie et d'adopter un nouveau regard sur l'eau. Ralentir l'eau doit finalement nous apprendre à ralentir nos modes de vie et de consommation. Ralentir notre course à la croissance infinie, diminuer notre consommation de protéines animales, de vêtements, d'énergie, de numérique, ralentir notre hypermobilité et prendre le temps de voyager autrement.

D'après un sondage Elabe[113], les Français ont la conviction que nous devons adopter un mode de vie plus sobre pour faire face à la crise climatique et environnementale. Nous avons toutes les cartes en main pour opérer ce changement : la carte bancaire et la carte électorale. Et pour aller plus loin, vous disposez dans ce manuel de nombreuses pistes à explorer, que ce soit dans votre sphère privée, professionnelle ou politique.

Les crises de l'eau sont des opportunités pour changer notre regard

Face à l'appel criant de la rivière, allons-nous rester sourds, figés vis-à-vis d'elle dans un rapport d'avidité et de domination, ou allons-nous chercher à l'écouter, l'observer et créer une relation d'alliance mutuellement bénéfique ? Deux choix diamétralement opposés s'offrent à nous.

D'un côté, continuer à curer et canaliser, à rehausser les digues, à construire plus de barrages, pomper et accaparer l'eau pour la stocker dans d'immenses retenues. De l'autre, en laisser plus pour les rivières, leur donner plus d'espace de liberté, qu'elles puissent reconquérir leurs bras morts et leur riche biodiversité.

D'un côté, cloisonner le sujet de l'eau dans des enceintes institutionnelles, laisser le monopole de la connaissance aux scientifiques, réserver la responsabilité de la décision à quelques élus. De l'autre, ouvrir la porte des parlements de l'eau aux citoyens, cultiver des relations hydrodiplomatiques avec nos voisins, considérer l'eau comme un commun à partager avec l'ensemble du vivant, codécider avec des conseils de gardiens et agir pour des rivières reconnues sujets de droit.

Nous sommes en train de vivre une véritable bascule dans l'histoire de l'humanité. D'une ère de feu, très masculine et linéaire, qui extrait, consomme et jette des ressources, qui maltraite les rivières comme on maltraite les femmes, qui brûle et rase les forêts, qui consume les énergies fossiles jusqu'à compromettre les conditions de notre propre survie, nous basculons vers une ère de l'eau, plus féminine, plus holistique, qui prend soin, qui nourrit, qui lave et qui régénère, telle une crue qui dépose des limons fertiles.

Préparons-nous à cultiver un monde nouveau où l'eau aura toute sa place.

NOTES

1. Benjamin W. Abbott *et al.*, « Human Domination of the Global Water Cycle Absent from Depictions and Perceptions », *Nature Geoscience*, vol. 12, n° 7, 2019, p. 533-540.

2. Isabelle Brokman et Charlène Descollonges, *L'Eau*, coll. « Fake or Not ? », Tana, 2023.

3. Vincent Liegey et Isabelle Brokman, *Sobriété (la vraie) : mode d'emploi*, Tana, 2023.

4. Miina Porkka *et al.*, « Global Water Cycle Shifts Far Beyond Pre-industrial Conditions – Planetary Boundary for Freshwater Change Transgressed », *EarthArXiv (California Digital Library)*, 2022.

5. Fangfang Yao *et al.*, « Satellites Reveal Widespread Decline in Global Lake Water Storage », *Science vol. 380*, n° 6646, 2023, p. 743-749.

6. Hervé Douville *et al.*, « Water Cycle Changes. In Climate Change 2021: The Physical Science Basis. Contribution of Working Group I to the Sixth Assessment Report of the Intergovernmental Panel on Climate Change », *Cambridge University Press*, 2021, p. 1055-1210.

7. Ministère de la Transition écologique et de la Cohésion des territoires, « Chiffres clés des risques naturels - Édition 2023 », 2024.

8. Ministry of Agriculture and Rural Development of the Slovak Republic, « White Paper: Water for Climate Healing – A New Water Paradigm », UN Water Conference, 2023.

9. Voir le site du Sispea - Services EauFrance : www.services.eaufrance.fr.

10. Voir le site du Services EauFrance – Mon territoire : www.services.eaufrance.fr/mon-territoire.

11. Voir le site Santé et Environnement - Eaux : www.sante.gouv.fr/sante-et-environnement/eaux/eau.

12. Anses, « Campagne nationale de mesure de l'occurrence de composés émergents dans les eaux destinées à la consommation humaine », 2022.

13. Voir le site Terres de Sources : www.terres-desources.fr.

14. Voir le site du Centre d'information sur l'eau - Baromètre Kantar 2023 : www.cieau.com/barometre-kantar-cieau-les-francais-et-leau-2023.

15. Voir le site Assainissement développement durable : www.assainissement.developpement-durable.gouv.fr.

16. Voir les sites Récupérateur d'eau de pluie : www.recuperateurdeaudepluie.fr/recuperation-eau-pluie-aides et Constructeur travaux : www.constructeurtravaux.fr/cuve-recuperation-eau-de-pluie.

17. Yves Lévi, « Contamination des eaux par les résidus de médicaments et stratégies de prévention », *Actualités Pharmaceutiques*, vol. 59, n° 594, 2020, p. 18-23.

18. Voir le site Anses : www.anses.fr.

19. Hadjer Benmati et Touati Laid, « Écotoxicité d'un médicament anti-inflammatoire non stéroïdien, ibuprofène, sur un organisme aquatique *Daphnia Magna* », Ier colloque international « Bio-ressources Économie bleue verte », Hammamet (Tunisie), 2018.

20. Voir l'étude des docteurs Patrick Bastien, Étienne Curien et Alain Petit, « Écoprescription, se soigner sans polluer ; médicaments et impact environnemental ; action sur le bassin versant de la Moselle », 2018.

21. « Environnemental Classified Pharmaceutical », Stockholm County Council, 2015.

22. William Bourguet et Patrick Balaguer, au Centre de biologie structurale (Inserm/CNRS/université de Montpellier) et à l'Institut de recherche en cancérologie (Inserm/université de Montpellier).

23. Voir le site Sispea – Effet cocktail : www.eaufrance.fr/node/5584.

24. Voir le site du Portail interministériel sur l'assainissement non collectif : www.assainis-

sement-non-collectif.developpement-durable.gouv.fr.

25. Éric Lenoir, *Petit Traité du jardin punk : Apprendre à désapprendre*, Terre vivante, 2021.

26. Voir aussi Didier Helmstetter, *Le Potager du paresseux*, Tana, 2019.

27. Voir le site Pour une hydrologie régénérative : www.hydrologie-regenerative.fr.

28. Voir le site Les Alvéoles, cultivons l'avenir : www.alveoles.fr/

29. Voir le site Hortilio : www.hortilio.fr.

30. Voir le site Water family : www.waterfamily.org.

31. Voir la vidéo « Le jardin potager du bonheur » : youtu.be/rT8PNkjz638?si=7dk9vvQj6irmAfYm ; ou pour les professionnels, la vidéo « 5 tests simples pour évaluer son sol » : youtu.be/9VWMoDiJDm4?si=QYa3bWHfXyEqsB1d.

32. Aurélie Berna et Angéline Riegel, « Les mares comme facteur de dispersion du moustique tigre ? », Programme régional d'actions mares Grand Est, avec l'Association BUFO et le Conservatoire des sites alsaciens, 2017.

33. Satosh.K. Mandal *et al.*, « Biocontrol efficiency of odonate nymphs against larvae of the mosquito, *Culex quinquefasciatus* Say, 1823 », *Acta Tropica*, vol. 106, no 2, 2008, p. 109-114.

34. Laëtitia Bacot *et al.*, « Les moustiques dans les ouvrages de gestion : alternative des eaux pluviales en ville ? Retour sur l'étude exploratoire OTHU 2016 ; exemple des bassins d'infiltration et rétention de la Métropole de Lyon », 2017.

35. Quelques ouvrages pour aller plus loin sur l'aménagement d'une mare : Frédéric Proniewski, *Créer une mare, un point d'eau, une baignade naturelle*, Ulmer, 2022 ; Gilles Leblais, *J'aménage une mare naturelle*, Terre vivante, 2024 ; Rémi Kulik, dossier « Une mare pleine de vie » dans *Esprit autonome*, n° 4, avril 2024.

36. Tony Allan, *Virtual Water: Tackling the Threat to Our Planet's Most Precious Resource*, I. B. Tauris, 2011.

37. Arjen Hoekstra, Ashok Chapagain, Maite Aldaya et Mesfin Mekonnen, *The Water Footprint Assessment. Manual: Setting the global standard*, Earthscan, 2011.

38. Chaire Elsa-Pact, « L'empreinte eau – Mémento graphique », 2021.

39. Daniel Zimmer, *L'Eau et la planète : Un avenir au compte-gouttes*, Charles Léopold Mayer, 2024.

40. Ertug Ercinet *al.*, « The Water Footprint of France », *Value of Water Research Report*, vol. 56, n° 56, 2012.

41. Voir le site Interactive Tools – Water Footprint Network : www.waterfootprint.org/resources/interactive-tools.

42. Daniel Zimmer, *L'Empreinte eau : Les faces cachées d'une ressource vitale*, 2013, et, *L'Eau et la planète, op. cit.*

43. Voir le site L214 Éducation - Groin Groin : www.education.l214.com/on-a-visite-le-refuge-groingroin-en-famille.

44. Voir le film de Pierre Jolivet, *Les Algues vertes*, adapté de la bande dessinée éponyme réalisée par la journaliste Inès Léraud et le dessinateur Pierre Van Hove, Delcourt, 2019.

45. Agreste et FranceAgriMer, « La consommation de viandes en France en 2022 », *Synthèses conjoncturelles,* n° 412, 2023.

46. Santé publique France, « L'essentiel des recommandations sur l'alimentation », 2019.

47. Greenpeace « Le guide des labels alimentaires – le vrai du faux ».

48. Pierrick De Ronne, *Bien manger pour vivre mieux : Manifeste pour un monde plus bio et plus juste*, L'Aube, 2023.

49. Daniel Zimmer, *L'Empreinte eau, op. cit.*

50. Organisation des Nations Unies, « Chaque jour, plus d'un milliard de repas gaspillés », 2024.

51. Ademe, « Comment réussir son compost ? », 2022.

52. Voir le site La Via Campesina - Déclaration

de Rome pour la souveraineté alimentaire : https://viacampesina.org/fr/1996-declaration-de-rome-de-la-via-campesina-qui-definit-la-souverainete-alimentaire-pour-la-premiere-fois.

53. Danielle Tendall *et al.*, « Food System Resilience: Defining the Concept » *Global Food Security* n°6, 2015, p. 17-23.

54. FranceAgriMer, « La dépense alimentaire des ménages français résiste à la crise », , Les Synthèses de FranceAgirMer, n° 4, 2014.

55. Voir le site Crater – Résilience alimentaire : www.crater.resiliencealimentaire.org.

56. Voir le site France PAT : www.france-pat.fr.

57. Voir le site Sécurité sociale de l'alimentation : www.securite-sociale-alimentation.org.

58. Voir le site du Conseil national pour la résilience alimentaire : www.cnra-france.org.

59. European Environmental Agency, « Textiles and the environment: the role of design in Europe's circular economy », 2022.

60. Ademe, « L'industrie textile dans le monde ».

61. Voir le site Textile Exchange : www.textileexchange.org.

62. Isabelle Brokman et Charlène Descollonges, *op. cit.*

63. McKinsey & Company, « *The State of Fashion* », 2021.

64. Julien Boucer et Damien Friot, « Microplastiques primaires dans les océans », Union internationale pour la conservation de la nature (UICN), 2020.

65. Fabienne Loiseau et Clarisse Albertini, « Lave-linge : les filtres à microplastiques sont-ils efficaces ? », Reporterre le média de l'écologie, 2022.

66. Catherine Dauriac et Isabelle Brokman, *Fashion*, coll. « *Fake or* Not ? », Tana, 2022.

67. Arcep, « Enquête annuelle "Pour un numérique soutenable" » (données 2022), 2024.

68. Kate Crawford, « *Generative AI's* environmental costs are soaring — and mostly secret », *Nature*, vol. 626, n° 8000, 2024, p. 693.

69. Arcep et Adene, « Évaluation de l'impact environnemental du numérique en France et analyse prospective », 2022.

70. SDES, « Bilan énergétique de la France en 2020 », 2022.

71. SDES, « Chiffres clés des énergies renouvelables - Édition 2023 », 2023.

72. RTE, « Bilan électrique 2022 », 2023.

73. Aurélien Bigo et Isabelle Brokman, *Voitures*, coll. « Fake or Not ? », Tana, 2023.

74. Information EDF, relayée par Radio France.

75. RTE, « Bilan électrique 2022. Un système électrique français résilient face à la crise énergétique inédite depuis les années 1970 », 2023.

76. « Carbone 4, « [MyCO2] Empreinte Carbone Française Moyenne : Mise À Jour 2021 », 2023.

77. Aurélien Bigo et Isabelle Brokman, *Voitures*, coll. « Fake or Not ? », Tana, 2023.

78. Voir le site Nos gestes climat : www.nosgestesclimat.fr.

79. Voir le site La Fresque du climat : www.fresqueduclimat.org.

80. Voir le site 2 tonnes : www.2tonnes.org.

81. Voir le site Renaissance écologique : www.renaissanceecologique.fr.

82. Imerys, « Projet EMILI », dossier de consultation du projet EMILI soumis au débat public, 2024.

83. Voir le site Avere France : www.avere-france.org/batteries-la-premiere-gigafactory-francaise-est-lancee.

84. WWF France, EY et l'Institut Mobilités en Transition (IMT), *« Métaux critiques, l'impasse des SUV : quel scénario pour réussir la transition de nos mobilités ? », 2023.*

85. Une étude plus précise mériterait d'être menée pour évaluer l'empreinte eau par une analyse multicritère.

86. GREET, T&E, Ademe, WWF France, EY et l'Institut Mobilités en Transition (IMT), « Cartographie des principales matières premières critiques dans un véhicule électrique » *in* « Métaux critiques, l'impasse des SUV », *op. cit.*

87. D'après Aurélien Bigo, WWF France, EY et l'Institut Mobilités en Transition (IMT), 2023.

88. Ministère de la Transition écologique et de la Cohésion des territoires, « La trajectoire de réchauffement de référence pour l'adaptation au changement climatique (TRACC) – La France à +4°C », 2024.

89. Aurélien Bigo et Isabelle Brokman, *Voitures, op. cit.*

90. Sondage OBEA pour le Cned, « Les Français, la connaissance et la pédagogie sur les enjeux écologiques », (échantillon de 1 027 personnes représentatif de la France métropolitaine âgée de quinze ans et plus), 2023.

91. Pierre Peyretou, « Climat : 10 minutes pour cadrer un débat "Maintenant on fait quoi" ? », Medium, 2020.

92. Voir le site Sator : www.sator.fr.

93. Oxfam France, « Banques : des engagements à prendre au 4e degré », 2020.

94. Thomas Wagner, « Rapport de synthèse du Giec : chaque dixième de degré compte », Bon Pote, 2023.

95. Corporate Sustainability Reporting Directive (CSRD) est la nouvelle directive proposée par la Commission européenne. Elle vise à mettre à jour le *reporting* extra-financier des entreprises *via* l'intégration de nouvelles mesures et touchera environ 50 000 entreprises.

96. Voir le site Oxfam : www.oxfamfrance.org.

97. France Assureurs, « Pour une France assurable », 2024.

98. Thierry Langreney, Gonéri Le Cozannet et Myriam Merad, « Adapter le système assurantiel français face à l'évolution des risques climatiques », ministère de la Transiiton écologique et de la Cohésion des territoires, et ministère de l'Économie, des Finances et de la Souveraineté industrielle et numérique, 2023.

99. #JtCatNat, « les fondamentaux du régime d'indemnisation des catastrophes naturelles », Ausha, 2024.

100. « The Handprint », en anglais : il n'existe pas d'équivalent en français.

101. Voir le site MAIF – Fonds MAIF pour le vivant : www.fondsmaifpourlevivant.maif.fr.

102. Voir le site du CEC : www.cec-impact.org.

103. Kate Raworth, *Doughnut Economics: Seven Ways to Think Like a 21st - Century Economist*, Random House Business Books, 2012.

104. Voir le site du CEC : www.cec-impact.org.

105. Voir le site Pour une hydrologie régénérative : www.hydrologie-regenerative.fr.

106. Voir le site de Wild Legal : www.wildlegal.eu.

107. Christopher Stone, *Les Arbres doivent-ils pouvoir plaider ? Vers la reconnaissance de droits juridiques aux objets naturels,* Le passager clandestin, 2017.

108. Camille de Toledo, *Le Fleuve qui voulait écrire : les auditions du parlement de Loire*, Les Liens qui libèrent, 2021.

109. Voir le site de l'Assemblée populaire du Rhône : www.assembleepopulairedurhone.org et le podcast « Assemblée populaire du Rhône ».

110. Marine Calmet, *Devenir gardiens de la nature : Pour la défense du vivant et des générations futures*, Tana, 2021.

111. Camille de Toledo, *Le Fleuve qui voulait écrire, op. cit.*

112. Erik Orsenna, *La Terre a soif*, Fayard, 2022.

113. Étude Elabe pour *Les Échos*, Radio classique et l'Institut Montaigne, « Les Français et les enjeux environnementaux », (étude réalisée sur un échantillon de 1 003 personnes représentatif de la population française âgée de dix-huit ans et plus), 2021.

BIBLIOGRAPHIE

LIVRES

Aurélien Bigo et Isabelle Brokman, *Voitures*, coll. « Fake or Not ? », Tana, 2023.

Isabelle Brokman et Charlène Descollonges, *L'Eau*, coll. « Fake or Not ? », Tana, 2023.

Marine Calmet, *Devenir gardiens de la nature : Pour la défense du vivant et des générations futures*, Tana, 2021.

Catherine Dauriac et Isabelle Brokman, *Fashion*, coll. « Fake or Not ? », Tana 2022.

Didier Helmstetter, *Le Potager du paresseux*, Tana, 2019.

Gilles Leblais, *J'aménage une mare naturelle*, Terre vivante, 2024.

Éric Lenoir, *Petit Traité du jardin punk : Apprendre à désapprendre*, Terre vivante, 2021.

Inès Léraud (scénario) et Pierre Van Hove (dessin), *Algues vertes : L'histoire interdite*, Delcourt, 2019.

Vincent Liegey et Isabelle Brokman, *Sobriété (la vraie) : Mode d'emploi*, Tana, 2023.

Barbara de Negroni, *Christopher Stone, Les arbres doivent-ils pouvoir plaider ? Vers la reconnaissance de droits juridiques aux objets naturels*, Le Passager clandestin, 2017.

Erik Orsenna, *La Terre a soif*, Fayard, 2022.

Frédéric Proniewski, *Créer une mare, un point d'eau, une baignade naturelle*, Ulmer, 2022.

Pierrick De Ronne, *Bien manger pour vivre mieux : Manifeste pour un monde plus bio et plus juste*, L'Aube, 2023.

Camille de Toledo, *Le fleuve qui voulait écrire : Les auditions du parlement de Loire*, Les Liens qui libèrent, 2021.

Daniel Zimmer, *L'Eau et la planète : Un avenir au compte-gouttes*, Charles Léopold Mayer, 2024.

Daniel Zimmer, *L'Empreinte eau : Les faces cachées d'une ressource vitale*, Charles Léopold Mayer, 2013.

FILMS

Emmanuel Cappellin, *Une fois que tu sais*, Pulp Films, 2021.

Nathanaël Coste, *La Théorie du boxeur*, Kamea Meah, 2024.

Cyril Dion et Mélanie Laurent, *Demain*, Mars Distribution, 2015.

Pierre Jolivet, *Les Algues vertes*, France 3 cinéma, Haut et Court, Panache Production, 2.4.7. Films et La Compagnie cinématographique, 2023.

Dominique Marchais, *La Rivière*, Zadig Films, Météore Filmsn 2023.

Marc de la Ménardière et Nathanaël Coste, *En quête de sens*, Kamea Meah, 2015.

Hervé Payen, Paysans du Ciel à la Terre, A Vif Cinémas, 2024.

Flore Vasseur, *Bigger Than Us*, Elzévir Films, 2021.

EN ANGLAIS

Tony Allan, *Virtual Water: Tackling the Threat to Our Planet's Most Precious Resource*, I. B. Tauris, 2011.

Arjen Hoekstra, Ashok Chapagain, Maite Aldaya et Mesfin Mekonnen, *The Water Footprint Assessment Manual: Setting the global standard*, Earthscan, 2011.

Kate Raworth, *Doughnut Economics: Seven Ways to Think Like a 21st-Century Economist*, Random House Business Books, 2012.

REMERCIEMENTS

J'ai écrit *Agir pour l'eau* dans une fulgurance, en huit semaines, comme une réponse-éclair à une question qui revenait en boucle : « Mais qu'est-ce que chacun peut faire à son échelle pour l'eau, au-delà des écogestes ? »
Mes premiers remerciements reviennent donc à toutes celles et ceux qui m'ont posé la question, en particulier les journalistes qui poussent les scientifiques dans leur retranchement. Maintenant, vous voyez que la réponse est loin d'être simple et tient difficilement en une minute. Je compte donc sur vous pour faire de la place à cette question dans vos lignes, et prendre le temps de traiter ces sujets en profondeur. Il est grand temps de sortir de l'infobésité et du paradigme de la peur, et de montrer que d'autres voies sont non seulement désirables mais possibles. Et vous avez un grand rôle à jouer pour les diffuser !
Je remercie sincèrement toutes ces personnes qui m'ont déjà tendu leur micro sur des entretiens longs pour décrypter *L'Eau, Fake or Not ?* et qui font un travail remarquable par ailleurs. Paloma Moritz, Vinz Kanté, Xavier Seux, Aristide Athanassiadis, Victoria Guillomon, Marie Hennart, Antoine Grego, Ivan Jablonka, Aurélie Luneau, Mathieu Vidard et Marie Crosnier, Denis Cheissoux, Cyrus Farenghi, Rémy Dybowski Douat, toute l'équipe de Vakita et celle de l'émission Planète info sur France TV, et bien d'autres…

Je remercie aussi toutes les belles rencontres que j'ai faites au gré de mes conférences. Difficile de les énumérer, avec plus d'une centaine réalisées en un an. Merci à tous les dirigeant·es et cadres d'entreprises, fonctionnaires, technicien·nes et élu·es, militant·es, scientifiques et entrepreneur·euses engagé·es. Nos échanges, vos actions et vos réflexions ont nourri les miennes pour écrire ce livre.
Je tiens aussi à saluer tout l'écosystème Convention des Entreprises pour le Climat qui nourrit l'espérance d'une transformation sociétale. Un merci spécial à Yannick Servant pour ton soutien.

Je remercie et je dédie tout particulièrement ce livre à Laurence Dejante. Au-delà de notre amour commun pour l'eau et la vie, tu m'as mise en lien avec la très talentueuse Laura Acquaviva (l'eau et la vie !) qui a pris en charge toute la partie artistique du livre. Merci à toi Laura d'avoir réussi à l'illustrer avec force et engagement, en le sublimant d'une douceur féminine que je recherchais. Je remercie très chaleureusement toute l'équipe de Tana Édition, en particulier Olivia et Émeline, pour votre confiance et votre soutien.

→

Je remercie ici les hommes qui mènent des travaux passionnants qui nourrissent mes réflexions et mon engagement : Daniel Zimmer, qui œuvre sur l'eau verte et l'empreinte eau à l'échelle internationale ; Erik Orsenna, qui tisse de précieux liens diplomatiques entre l'humanité et les fleuves, et Camille de Toledo, qui permet l'émergence d'une reconnaissance juridique des rivières et des fleuves. Vous décrivez la même passion pour les hydrosystèmes avec justesse, et un petit supplément d'âme qui me touche profondément. Je suis heureuse et reconnaissante d'œuvrer dans ce nouveau paradigme de l'eau à vos côtés.

L'écriture d'un livre n'est jamais un long fleuve tranquille…
A l'heure où j'écris ces lignes, je traverse une phase d'épuisement mais je me sens soutenue par ma communauté LinkedIn qui s'agrandit quotidiennement. Je suis également soutenue par mes amis Simon Ricard et Samuel Bonvoisin, et tous les membres de l'association Pour une Hydrologie Régénérative, que j'ai l'honneur de co-présider et qui donne du sens à mon engagement. Romane, Rémy, Denis, Maryse, Judith, Jonathan, Florence, Carole et Cédric.
Je salue au passage toute l'équipe de la Water Family qui continue à me soutenir !

Je remercie mes amis proches qui me soutiennent de près ou de loin : Émeline, Alexandra, Coco et Matt, Charlotte, Cécile, Camille, Orane et Leslie. Merci Justin de m'avoir accompagnée et soutenue dans cette phase d'expansion.
Un immense merci à Victoria qui porte et incarne le sujet de l'écologie intérieure comme une priorité. Merci Victoria pour ta lumière, tes mots justes et ton travail inspirant avec ton podcast Nouvel œil et ton projet Shimla qui me met en joie.

Je remercie bien évidemment ma famille pour leur amour inconditionnel. Corinne et Cassandra, les deux femmes de ma vie qui ont toujours été là pour moi dans la joie et les épreuves. Alexis, qui m'a transmis sa passion pour les rivières dès l'enfance. Morgane qui m'aide à rire et prendre de la hauteur sur tout ça, avec Elian. Sybille que j'aime et que j'apprends à découvrir chaque jour, avec Sébastien et leur famille. Francis, Françoise, Sylvie, Jocelyne, Nanot qui me suivent…

Enfin, Pierre, le dernier nom mais le premier dans mon cœur, merci pour ta patience et ta présence, un socle qui me donne la force de couler, car une rivière ne saurait exister sans son substrat rocheux !

DE LA MÊME AUTRICE

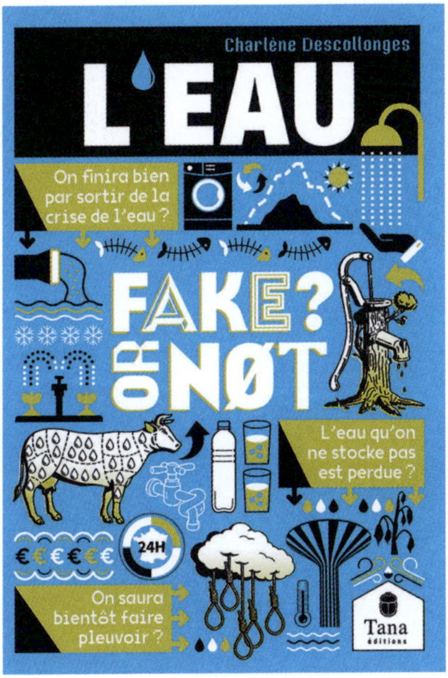

Un essentiel de la collection « Fake or not ? », pour comprendre qu'interroger notre gestion de l'eau est aujourd'hui une nécessité pour la préserver.

DANS LA MÊME COLLECTION

Un guide pour tous ceux qui veulent construire un monde plus soutenable et agir pour demain.

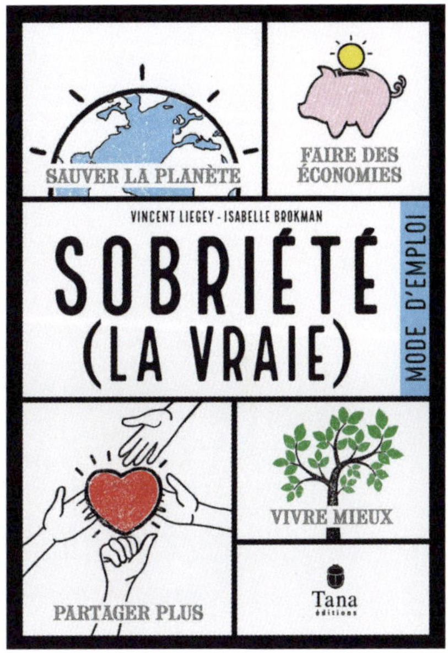

Un manuel anti-crise pour bien vivre en autonomie et en sobriété.

TANA S'ENGAGE
pour préserver l'environnement

- Impression en France sous le label Imprim'Vert®
- Papier issu de forêts gérées durablement
- Fabrication en circuit court
- Encres certifiées d'origine végétale
- Papier blanchi sans chlore ni dérivé de chlore
- Pelliculage des couvertures sans plastique

Retrouvez notre actualité et l'intégralité de notre catalogue sur notre site

www.tana.fr

et rejoignez-nous sur les réseaux sociaux

@tanaeditions **Tana Éditions**

Achevé d'imprimer en août 2024
par Chirat, France
N° d'impression : 202407.0411